U0112305

Industrial Robot 2.0

Ruling the Era of Intelligent Manufacturing

引领智造产业发展_颠覆未来工作状态

工业机器人2.0

智能制造时代的主力军

王喜文 ◎著

机械工业出版社
CHINA MACHINE PRESS

作为"中国制造2025"战略确定的十大重点发展领域之一，工业机器人已在各行各业得到广泛运用，并将深刻影响制造业的未来。在新一代信息技术突飞猛进的今天，与物联网、云计算、大数据和人工智能技术紧密结合的工业机器人2.0将在智能制造的大环境中发挥越来越重要的作用，并给未来相关产业的业态和工作方式带来前所未有的影响。本书描绘了工业机器人的技术基础和产业现状，并就工业机器人如何与新信息技术相融合及其对未来产业生态、市场格局和工作方式的影响等方面，深入浅出地对工业机器人2.0的时代全景进行了描绘。

图书在版编目（CIP）数据

工业机器人2.0：智能制造时代的主力军／王喜文著. —北京：机械工业出版社，2016.6
ISBN 978 - 7 - 111 - 54305 - 3

Ⅰ.①工…　Ⅱ.①王…　Ⅲ.①工业机器人-研究
Ⅳ.①TP242.2

中国版本图书馆 CIP 数据核字（2016）第 163766 号

机械工业出版社（北京市百万庄大街22号　邮政编码100037）
策划编辑：坚喜斌　刘林澍　　　责任编辑：刘林澍　杨　冰
责任校对：赵　蕊　　　　　　　责任印制：常天培
版式设计：张文贵
北京圣夫亚美印刷有限公司印刷

2016 年 9 月第 1 版·第 1 次印刷
145mm×210mm·5 印张·3 插页·59 千字
标准书号：ISBN 978 - 7 - 111 - 54305 - 3
定价：42.00 元

凡购本书，如有缺页、倒页、脱页，由本社发行部调换
电话服务　　　　　　　　　　网络服务
服务咨询热线：（010）88361066　机工官网：www.cmpbook.com
读者购书热线：（010）68326294　机工官博：weibo.com/cmp1952
　　　　　　　（010）88379203　教育服务网：www.cmpedu.com
封面无防伪标均为盗版　　　金书网：www.golden-book.com

前　言

机器人的价值，最开始是因在工业领域得到普及而受到全球认可的。尤其是在主要需求领域即汽车与电子制造产业中，机器人的使用带动了生产效率的大幅提高。新一代信息通信技术的发展，催生了移动互联网、大数据、云计算、工业可编程逻辑控制器等的创新和应用，推动了制造业生产方式和发展模式的深刻变革。德国"工业 4.0"战略旨在通过深度应用信息技术和信息物理系统等技术手段，促进制造业向智能化转型。

伴随德国工业 4.0 时代的到来，一方面，生产制造领域的工业机器人将成为智能制造的主力军，因为制造业是机器人的主要应用领域，在生产自动化过程中机器人得到了大量采用，例如，如今的汽车产业、电子制造产业的大规模量产技术中，大量采用着各种机器人；另一方面，Google 等互联网企业涉足机器人产业，为机器人产业环境带来了剧变。这些变化，将使机器人开始应用大数据实现自律化，使机器人之间实现网络化，物联网时代将随之真正到来，机器人也将不断地升级为智能机器人。

由此，工业机器人将进入 2.0 时代，即智能工业机器人的时代，其核心是人工智能、大数据、物联网、云计算等新一代信息技术。

王喜文

2015 年 1 月 21 日

| 目　录 |

第 1 篇

工业机器人 1.0：
自动化的产物

从机器人的发展历程上看，最先成熟，最先得到大规模应用的是工业机器人，因为这种机器人的功能比较单一，基本是自动完成一项简单重复性的工作。

第 1 章　机器人的前世今生

近年来，"机器人"再度受到极大关注。

电视、电影中出现的机器人通常拥有超强的能力、超高的智能，人类将会对与机器人共同生活习以为常。同时，还有一些一直以来在工厂里默默无闻地工作着的工业机器人，也被赋予代表未来制造业发展水平的时代含义。

但在机器人研究人员眼中，只有机器人技术的进步，才能让机器人实现各种潜能。至于技术上能否实现，社会上能否接受，我们还要拭目以待。

第 1 节　机器人的定义

通常意义上，机器人（Robot）是自动执行工作的机器装置。它既可以接受人类指挥，又可以运行预先编排的程序，也可以根据基于人工智能技术制定的原则纲领而行动。它的任务是协助或取代人类的工作，应用范围涵盖各领域，例如制造业、建筑业，或是特殊危险工种。

实际上，机器人这个词的诞生最早可以追溯到 20 世纪初。1920 年捷克斯洛伐克作家卡雷尔·恰佩克在他的科幻小说《罗萨姆的机器人万能公司》中，根据 Robota（捷克文，原意为"劳役、苦工"）和 Robotnik（波兰文，原意为"工人"），创造出"机器人"这个词。

斯坦福大学对机器人的定义是："机器人是指与人、其他动物或其他机械一起工作的一种机械，分为自动和半自动两种类型。"

也就是说，一直以来，机器人主要是在"工业"领域替代"工人"。所以也有了很多对"工业机器人"的定义。

日本工业标准（JIS）对"工业机器人"的定义是："通过自动控制，具备操作功能或者移动功能，通过各种软件程序能够实现各种作业，可用于工业领域的机械。"

美国机器人工协会提出的工业机器人定义为："工业机器人是用来搬运材料、零件、工具等物资的可再编程的多功能机械手，或通过不同程序的调用来完成各种工作任务的特种装置。"

国际标准化组织（ISO）也曾于 1987 年对工业机器人给出了定义："工业机器人是一种具有自动控制的操作和移动功能，能够完成各种作业的可编程操作机。"ISO8373 对工业机器人给出了更加具体的解释："机器人可实现自动控制、可再编程、多用途和多功能，机器人操作机具有三个或三个以上的可编程轴，在工业自动化应用中，机器人的底座既可固定也可移动。"

可见，机器人或工业机器人的定义有很多。事实上，"定义"本身就是以某种用途为前提的，所以存在不同的定义也不足为怪。

我国科学家对机器人的定义是："机器人是一种自动化的机器，所不同的是这种机器具备一些与人或生物相似的智能能力，如感知能力、规划能力、动作能力和协同能力，是一种具有高级灵活性的自动化机器。"

其实，工业机器人由机械本体、控制系统、驱动系统和检测传感装置构成，是一种仿人操作、自动控制、可重复编程的机电一体化自动化生产设备。它对提高产品质量，提高生产效率，改善劳动条件和产品的快速更新换代起着十分重要的作用。

工业机器人是自动化的产物，是一种可以搬运物料、零件、工具或完成多种操作功能的专用机械装置；它由计算机控制，是无人参与的自主自动化控制系统；它是可编程、具有柔性的自动化系统，可以实现人机交互。

第 2 节　工业机器人的历史

"工业机器人"最初来自美国人乔治·德沃尔（Georg C. Devol）于 1954 年注册的专利 Programmed Article Transfer。其中描述了示教再现机器人的概念——通过示教（teaching）与再现（playback）能够取放物品（put and take）的机械。这种机械能按照不同的程序从事不同的工作，因此具有通用性和灵活性。

根据这一专利，1958 年美国 Consolideted Control 公司研制出第一台数控工业机器人原型机——Automatic Programmed Apparatus，随后 1962 年美国 Unimation 公司和 AMF 公司都推出了示教再现机器人的样机（表 1-1）。

20 世纪 60 年代正是日本经济高速增长的阶段，劳动力人口出现了严重不足，迫切需要工业机器人来弥补。于是，1967 年日本首次从美国进口了示教再现机器人，并自此开始了工业机器人的自主研发和量产。

工业机器人主要在一些高危环境、污染环境中工作或从事简单重复性劳动，目的在于提升生产安全性和提高产品质量，并提升生产效率，因此得以在制造业领域被广泛采用。

表 1-1　工业机器人大事记

年份	机器人发展史
1954	美国乔治·德沃尔（Georg C. Devol），获得了示教再现方式的专利 Programmed Article Transfer
1958	美国 Consolideted Control 公司制造了第一台数控工业机器人原型机 Automatic Programmed Apparatus
1960	美国 Unimation 公司将示教再现机器人量产化
1962	美国 Unimation 公司开始销售示教再现机器人
1962	美国 AMF 公司开始销售示教再现机器人
1968	日本工业机器人开始国产化

（续）

年份	机器人发展史
1970	美国举办工业机器人峰会
1972	日本工业机器人联合会成立
1973	早稻田大学开发出类人机器人 WABOT-1
1973	瑞典 ASEA 公司开发出电动多关节机器人
1974	日本举办第一届国际机器人展
1980	日本机器人真正开始普及，被称为"机器人元年"
1983	日本机器人学会成立
1987	国际机器人联盟（IFR）成立

资料出处：日本机器人工业协会（JARA）。

通常认为，工业机器人是在 20 世纪 70 年代开始"量产化"的，80 年代是工业机器人的"普及元年"，也因此诞生了柔性制造系统（FMS，Flexible Manufacturing System），工厂自动化（FA，Factory Automation）等新型生产系统。进而导致传统的大规模生产开始向中批量中种类、小批量多种类生产变迁。正是因为工业机器人相对于传统的自动机在用途上更具广泛性，在新一代生产系统中发挥着核心作用，机器人产业才得以快速发展。

因此，在 2000 年以前，工业机器人的应用有着明确的目的，那就是在工厂车间的危险环境下替代人来工作。

随着中央处理器等许多核心零部件体积更小、价格更低、性能更高、可靠性更强、存储量更大，机器人本身的控制性越来越高、可靠性越来越强，价格也越来越低。工业机器人有望在制造业各领域得到广泛普及。

第 3 节　机器人的技术构成

机器人涵盖多种技术。主要包括系统化、感知、计算机、识别处理、判断、控制、传动技术等。

◆ 系统化

系统化是机器人的重要技术范畴。通过系统化将多项技术融合，或按照使用目的构建系统，是机器人开发的关键。迅速开展系统化的方式方法有很多，近年来，采用模块化和模拟器的方式最为流行。传统的机器人开发过程大多是"从零开始"，每一项功能都要进行研发，效率不高。而机器人组件出现之后，许多功能的再利用性提高了，一直以来的机器人开发方式也得以改变。机器人组件的设计模式遵循 OMG（对象管理组织，Object Management Group）的相关标准，并已实现大量的应用。例如，OpenRTC-aist 是日本一个开源的系统开发包，包括机器人作业智能模块、移动智能模块、通信模块等，应用这些组件有助于便捷地开发机器人系统。由于这些组件的大多源代码是公开的，开发者可以很方便地扩充更多的功能。除了机器人组件以外，OSRF（开源机器人基金会，Open Source Robotics Foundation）推动的 ROS（机器人操作系统，Robot Operating System）也正在开始普及，基于 ROS 可以开发很多应用软件。而且，机器人组件与 ROS 正逐步开始兼容，进一步提升了机器人系统开发的便利性。同时，模拟器作为一种用于快速开发的工

具也是不可或缺的，目前根据具体用途的差异，有多
种机器人开发模拟器，如 OpenHRP、Webot、Gazebo、
Choreonoid 等都可离线模拟机器人的行动环境。

◆ 感知

机器人是一个综合了感知（sense）、判断（plan）、
执行（act）等过程的复杂系统。这里所说的"感知"
是第一个必备要素。人类有五种感觉器官（视觉、听
觉、嗅觉、味觉、触觉），在机器人上广泛使用的有
"三觉"传感器，即：视觉、听觉、触觉传感器。同
时，还有"激光测距传感器""GPS 传感器"等机器人
所特有的，赋予机器人人类不具备的感知功能的传感
器。尤其值得一提的是距离图像传感器，它在近几年来
已经成为了机器人自律行动的基础。无人驾驶汽车就是
因为采用了这些传感器，才得以实现无人驾驶。以往，
这些传感器由于尺寸大小的关系，嵌入机器人内部比较
困难，但近年来随着精密加工技术的进步，这些传感器

在一些小型机器人中也可以使用了。除此之外，加速度
传感器、陀螺仪传感器等智能手机如今广泛使用的传感
器越来越小型化、低价化，开始在无人机等需要进行姿
势控制的机器人设计中发挥重要的作用。

◆ 计算机

计算机性能的提升让以往计算成本很高的算法也
可以实时处理。如图像处理、A ∗ 路径寻找算法等，
便携式计算机也可以进行实时处理，这使得机器人自
律行动的进程加速了。与此同时，一些处理器不断地
缩小体积和降低电耗，也使得自律行动机器人的小型
化成为可能。此外，还有一些大量配置处理器的分散
协调控制型机器人的开发也很流行。

同时，一些高级机器人都有自己的操作系统，届
时的问题就是实时性。近年来，Linux 等操作系统虽然
具备了某种程度的实时性，但在进行严密的周期控制
时，需要的是真正意义上的实时操作系统。根据功能

的不同，ART- Linux，ITRON，VxWorks 将被广泛使用。这些操作系统应用了近年来流行的多核处理器，给每个内核进行功能分配，可以同步进行实时处理。

◆ **识别处理**

机器人通过数据处理与分析来识别状态，这些识别技术渐渐地开始走入我们的生活之中。例如，智能手机用语音识别技术来实现文字输入已经很普遍；汽车中感知车距，将交通事故防患于未然的功能也很常见。这些识别技术大多是作为一个模块，由开发商提供的，使用非常方便。比如，在机器人组件或 ROS 之中，已包含了大量的识别模块。

① 语音识别

Julius（由日本京都大学和日本信息处理机构联合开发的一个实用而高效的双通道大词汇连续语音识别引擎）是应用较多的语音识别引擎。

② 图像识别

OpenCV（由英特尔开发的开源计算机视觉库）是应用较多的图像处理库。不仅包括基本的图像处理，还包括人脸检测和深度学习等新技术，有望成为通用性较高的图像处理库。

③ 自我定位

对于自律移动机器人来说，自我定位是一项最重要的技术。目前，大多采用蒙特卡罗方法（Monte Carlo method）进行位置测算，即使机器人处于动态变化的环境之中，也能够实现准确的自我定位。

◆ 判断

基于对状态的识别如何就执行作出决策，需要进行判断。也就是说，需要进行所谓的"思考"。比如判断如何行走，也就是制定"路径计划"，主要是指为自律移动机器人制定一条规避障碍物，抵达目的地

的最优化路径。这里面常用的算法是代克思托演算法
（Dijkstra's algorithm）。

◆ 控制

控制赋予机器人"执行"选择好的行动的能力，以往较难控制的步行机器人、飞行机器人等，如今都可以稳定地进行控制。

① 步行机器人

近年来，步行控制理论取得了显著的进展，美国波士顿动力公司的 Bigdog、Petman 等步行机器人，即使受到外界的阻力，也能够稳定地保持步行姿态。目前，美国谷歌以 Atlas 为平台的机器人技术研发正处于产业化阶段。

② 飞行机器人

近年，四旋翼飞行器（Quadrotor）等飞行机器人使用起来越发便捷。来自陀螺仪传感器或加速传感

器的数值被用来推测姿势，控制旋翼转动，使机器人按照预定的轨道飞行和往返。

◆ **传动**

机器人的传动系统一般使用电力驱动，也就是电机。此外，还有气压驱动和液压驱动（图1-1）。

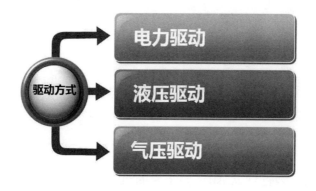

图1-1 工业机器人的驱动方式分类

① 电力驱动

有的电机是独立运转的，但大多则是作为控制电路的一部分。在控制电路中，电机与计算机互相通信，能够控制角度和角速度。

② 气压驱动

相对于电力驱动来说，使用气压驱动的传动系统重量较轻、功率较高，除了适用于关节结构的驱动外，还在很多需要具备跳跃功能的机器人中被广泛采用。

③ 液压驱动

液压驱动主要的优势是能满足大功率的需求。例如，4 足步行机器人 Bigdog 就是采用了液压驱动传动器，才实现了在 107kg 体重下 154kg 的负重。

第 2 章　工业机器人发展的现状与问题

工业机器人首先在汽车制造业的流水线生产中开始大规模应用，随后，日本、德国、美国等制造业发达国家开始在其他行业的工业生产中也大量采用机器人作业。进入 21 世纪以来，随着劳动力成本的不断提高和技术的不断进步，各国开始陆续进行制造业的转型与升级，出现了机器人替代人的热潮。

第 1 节　发展工业机器人的意义

　　使用工业机器人进行生产具有 9 大比较优势（图 1-2）。除了降低成本，使用机器人进行工业生产还具有显著提高生产效率、提高良品率、保证产品品质、增强生产柔性等一系列优势。

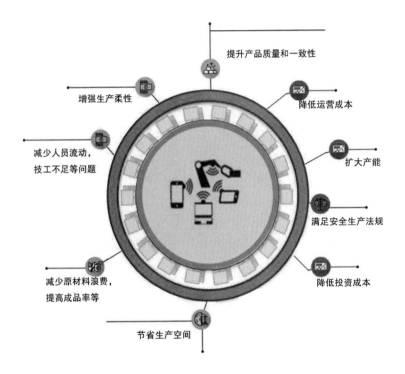

图 1-2　工业机器人的 9 大优势

- 工业机器人在工业生产中能代替工人从事某些单调、频繁和重复的长时间作业，消除枯燥无味的工作，降低工人的劳动强度；

- 工业机器人可以广泛用于危险、恶劣环境下的作业，例如冲压、压力铸造、热处理、焊接、涂装、塑料制品成形、机械加工和简单装配等工序；

- 工业机器人能够完成对人体有害的物料的搬运或工艺操作，增强工作场所的健康安全性，并能从事特殊环境下的劳动，减少劳资纠纷；

- 工业机器人能够提高生产自动化程度，减少工艺过程中的停顿时间，从而提升生产效率；

- 工业机器人能够提高对零部件的处理能力，保证产品质量，提高成品率，并提升产品的质量，是企业补充和替代劳动力的有效方案；

- 工业机器人有助于提高自动化生产效率，调整生产能力，实现柔性制造。

第 2 节 发展工业机器人的必要性

工业机器人在制造业中的应用主要有以下驱动因素（图 1-3）。

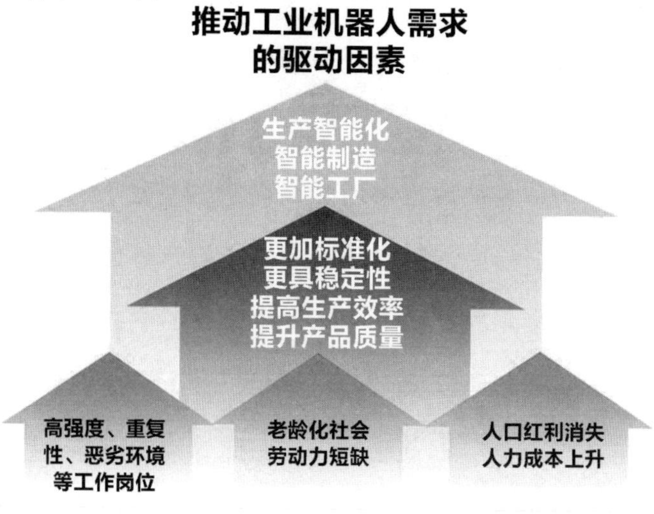

推动工业机器人需求
的驱动因素

生产智能化
智能制造
智能工厂

更加标准化
更具稳定性
提高生产效率
提升产品质量

高强度、重复
性、恶劣环境
等工作岗位

老龄化社会
劳动力短缺

人口红利消失
人力成本上升

图 1-3 推动工业机器人需求的驱动因素

（一）基本需求

机器人对于高强度、重复性、恶劣环境下的工作岗位具有更好的适应性，是当前填补劳动力不足的最佳选择。目前，工业机器人能替代人类从事分拣、搬运、上下料、焊接、机械加工、装配、检测、码垛等制造业中绝大部分工作作业，而制造业劳动力成本的持续上升和机器人价格的持续下降进一步增强了机器人工业应用的性价比。以我国为例，当前一些地区已经面临着劳动力不足的严峻形势，农村富余劳动力逐渐减少，从劳动力过剩向短缺转折的"刘易斯拐点"即将到来。与此同时，随着人口结构老龄化趋势的加剧，下降多年的抚养比（15—64 岁年龄之外的非工作人口占总人口的比率）即将开始上升，随之而来的将是"人口红利"的逐渐消失。由此导致的制造业劳动力成本的快速上升正在大大挤压中小企业原本微薄的利润空间，推动着工业机器人需求的发展。

（二）发展所需

制造业转型升级对产品质量和生产效率提升的需

求也对工业机器人提出了进一步需要。我国制造业企业大多属于加工贸易型企业，产品附加值低，人力成本的大幅上升压缩了加工企业的盈利空间，成本倒逼制造商向自动化高效生产模式转型。采用工业机器人将使生产更加标准化、更具稳定性，对生产效率和产品品质都更有保障。随着技术的进步，工业机器人的功能也越来越强大，自由度、精度、作业范围、承载能力等衡量工业机器人水平的各项传统技术指标都有了显著的提升。2000 年以前，6 轴机器人还是高端工业机器人的代名词，而目前 6 轴工业机器人已经非常普及，很多高端机器人的轴数都在 6 轴以上，更多的自由度让机器人的灵活度得到了显著的提升，不再局限于之前简单重复的劳动。例如，爱普生（Epson）公司利用机械手进行手表零部件装配，充分说明机器人既能从事简单的制造业作业，又能从事复杂精密的操作。

此外，随着机器人核心零部件——精密减速器的发展，工业机器人的精度较 10 年前大大提高，在作业范围、最大工作速度和承载能力方面也有了显著的提高。

因此，从作用范围和实际技术水平来看，工业机器人完全能替代工人从事大多数重复性作业，将人类从繁重的体力劳动工作中解放出来，同时又具有特定作业优势。

（三）大势所趋

2013 年 4 月，德国政府推出"工业 4.0"，将生产制造领域的工业机器人定义为未来智能制造的主力军；2015 年 1 月，机器人大国日本公布了《机器人新战略》，旨在应对"工业 4.0"，迎接新一轮工业革命。种种迹象显示，工业机器人在制造业领域的应用已是大势所趋。事实上，制造业一直以来就是机器人的主要应用领域，在生产过程自动化中，大量采用了机器人。目前，汽车行业、电子制造行业的大规模量产技术中，各种机器人已得到广泛应用，而未来制造业的各个行业都将大规模采用机器人（图1-4）。

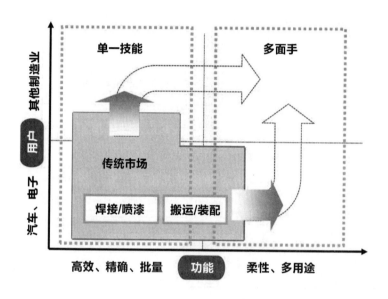

图1-4　工业机器人的应用趋势

资料出处：日本瑞穗银行产业调研部（作者改译）。

第3节　工业机器人应用场景

工业机器人是一种生产设备，其优势在于提高生产效率、降低生产成本、保障产品质量。工业机器人广泛应用于各种场景之中（表 1-2），从常用的机器人系列和市场占有情况来看，主要的工业机器人应用场景有焊接、喷漆、装配、搬运、自动导引运输等。

表 1-2 工业机器人在制造业领域的具体应用

行　业	具体应用
汽车及其零部件	弧焊、点焊、搬运、装配、冲压、喷漆、切割（激光、离子）等
电子、电气	搬运、装配、自动传输、打磨、表面贴装、检测等
化工、纺织	搬运、包装、码垛、称重、切割、检测、上下料等
机械	搬运、装配、检测、焊接、铸件去毛刺、研磨、切割（激光、离子）、包装、码垛、传输等
电力、核电	布线、高压检测、核反应堆检修、拆卸等
食品、饮料	搬运、包装等
塑料、轮胎	上下料、去毛边等
冶金、钢铁	搬运、码垛、铸件去毛刺、切割等
家具	搬运、打磨、抛光、喷漆、切割、雕刻等
海洋勘探	深水勘探、海底维修、建造等
航空航天	空间站检修、飞行器修复等
军事	防爆、排雷、搬运、放射性检测等

（1）焊接

焊接的主要过程是利用放电产生的热量，以熔化的焊条连接钢板。放电过程会产生紫外线和有毒气体。焊接工人一般手持挡板进行焊接工作，尽管如此，仍然会或多或少地受到人身伤害。工业机器人在焊接领域应用较早，有效地将焊接工人从有毒有害的作业环境中解放了出来（图 1－5）。

图 1－5　安川焊接机器人

资料出处：日本 Yaskawa（安川电机）官方网站。

目前，随着各种功能的不断完善，焊接机器人完全可以替代熟练的焊接工人。一个典型例子是，在由三台机器人协调实现的联动焊接系统中，中央机器人进行焊接，两侧机器人调整焊接对象的工作角度，配合中央机器人便捷地完成焊接作业（图1－6）。

图1－6 焊接机器人系统

资料出处：日本 Yaskawa（安川电机）官方网站。

（2）喷漆

喷漆机器人是可以进行自动喷漆或喷涂其他涂料的工业机器人。喷漆机器人一般作为喷涂生产线的单元设备集成在制造系统中，主要用于汽车车身喷涂生产线。

（3）装配

以往，装配机器人主要集中在电子制造行业，用于在印刷电路板上装配电子零部件。近年来，随着工业机器人作业精度的提升，一些传统上必须依赖手工操作的复杂装配作业也开始逐步用工业机器人来实施了（图1-7）。

图1-7中的双臂装配机器人左臂把控螺丝，右臂持电动螺丝刀将螺丝拧紧，和工人的作业方式完全相同，未来有望在各种装配作业中得到普及。双臂机器人可以从事传统机器人无法实现的作业，如精细组件的装配等。符合机器人向更灵活的方向发展的大势所趋。

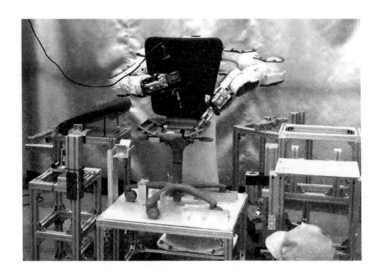

图 1-7 装配机器人

资料出处：日本 Yaskawa（安川电机）官方网站。

（4）搬运

搬运机器人是可以进行自动化搬运作业的工业机器人。搬运机器人可安装不同的末端执行器以完成各种不同形状和状态的工件的搬运工作，大幅减轻了工人繁重的体力劳动，被广泛应用于机床上下料、冲压机自动化生产线、自动装配流水线、码垛搬运、集装箱自动搬运等。

（5）自动导引运输

自动导引车（Automatic Guided Vehicle，AGV）是车间内自动搬运物品，辅助生产物流管理的一种工业机器人。AGV广泛应用于机械、电子、纺织、造纸、卷烟、食品等行业。主要特点在于：作为移动的输送机，AGV不固定占用地面空间，且灵活性高，改变运行路径比较容易；系统可靠性较高，即使一台AGV出现故障，整个系统仍可正常运行；此外，AGV系统可通过TCP/IP协议与车间管理系统相连，是公认的建设无人化车间、自动化仓库，实现物流自动化的最佳选择。例如，在汽车生产线上，应用AGV可实现发动机、后桥、油箱等部件的动态自动化装配；在大尺寸液晶面板生产线上，应用AGV可实现自动化装配，能够极大地提高生产效率。

（6）检测检验

消费品工业领域也将是工业机器人的一大应用方

向。例如，制药行业的药品检测分析处理机器人能够
替代测试员进行药品测试和监测分析（图1-8，图
1-9）。机器人的检验要比熟练的测试员更加精确，
采集数据样本的精度更高，能够取得更好的实验效果。
同时，在一些病毒样本检测的危险作业环境中，机器
人能够有效替代测试人员。

图1-8　实验分析处理机器人

资料出处：日本 Yaskawa（安川电机）官方网站。

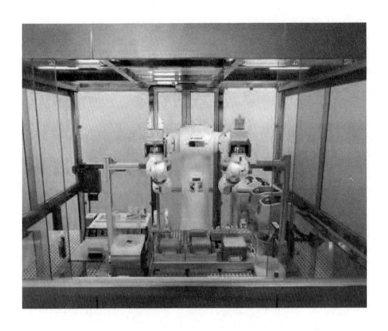

图 1-9 药品封装机器人

资料出处：日本 Yaskawa（安川电机）官方网站。

第 4 节 生产工业机器人的代表性企业

日本机器人企业占有的国际市场份额最多，产业链最齐全；欧洲紧随其后，但欧洲各国机器人厂商均有其独特的竞争优势，擅长某一类行业应用，注重某一子领域；美国机器人企业则更注重基础理论和前沿技术的开发。

近几十年来，随着工业机器人产业的发展，逐渐出现了一批具有影响力的工业机器人企业。包括：日本的 FANUC（发那科）、Yaskawa（安川电机）、Kawasaki（川崎重工）、Fuji Transport Conveying（不二输送机），德国的 KUKA（库卡），瑞典的 ABB，美国的 Adept Technology、American Robot、Emerson Industrial Automation、S-T Robotics，意大利的 COMAU，英国的 AutoTech Robotics，加拿大的 Jcd International Robotics，以色列的 Robogroup Tek 公司及奥地利的 IGM 公司等（表 1-3）。

表 1-3 世界工业机器人主要生产企业

国家	企业	主要产品	年产量
日本	FANUC（发那科）	数控系统；R-2000iA 系列多功能智能机器人和 Y4400LDiA 高功率 LD YAG 激光机器人；清洗、搬运、点焊、弧焊、装配等 175 个品种的机器人	约 1.6 万台，年销售额达 32 亿美元

（续）

国家	企业	主要产品	年产量
日本	Yaskawa（安川电机）	伺服电机；点焊、弧焊、喷涂、LCD 玻璃板传输和半导体晶片传输等 MOTOMAN 系列机器人；"MOTOMAN MPK/MPL"系列用于食品、药品及化妆品等行业小件产品的装箱及装载作业的机器人	1.5 万台
	Kawasaki（川崎重工）	喷涂、弧焊、点焊、码垛以及大型、超大型通用机器人	——
	Fuji Transport Conveying（不二输送机）	"FUJI ACE"系列码垛机器人	总安装量达到 1.1 万台
德国	KUKA（库卡）	焊接、码垛、装配、清洁机器人等	近 1 万台
瑞典	ABB	电机、传动和电力电子产品等关键零部件；搬运、焊接、喷涂和特殊机器人	9000 台
美国	Adept Technology	Cobra SCARA 机器人、Viper 六轴机器人、Quattro 并行机器人和 Python 线性模块	——
	S-T Robotics	R 系列四轴、五轴铰接式机器人	——
英国	AutoTech Robotics	涉及焊接、涂胶、密封、钻孔、喷涂、冲压、切割等各个工序的机器人自动化制造系统	
意大利	COMAU	Smart 系列多功能机器人和 MAST 系列龙门焊接机器人	——

（续）

国家	企业	主要产品	年产量
以色列	Robogroup Tek	涵盖机器人的液压、气动、PLC、传感器、过程控制和数据采集等系统的研发制造	
奥地利	IGM	焊接机器人为主，包括电弧、激光以及电子束等自动化焊接与切割系统	

资料出处：《青岛市工业机器人产业发展路线图》。

国外重点机器人企业最初起源于机器人产业链上下游相关企业，如下游的焊接应用设备、上游的数控系统生产等。一些规模较大的机器人企业大多是以本体业务为核心，同时涉足集成业务，甚至也做核心零部件业务的综合型机器人企业。其中，最为业内所知的就是被称为"四大家族"的 FANUC、ABB、KUKA 和 Yaskawa。

资料显示，2013 年，FANUC、ABB、KUKA 和 Yaskawa 这"四大家族"的机器人业务占全球工业机器人市场约50% 的份额。纵观"四大家族"的机器人发展历程，ABB 和 Yaskawa 最早从事电力电机设备、FANUC 从事数控系统业务、KUKA 专注于焊接设备生产，在逐渐掌握了机器人本体和核心零部件的生产技术后，成为机器人巨头。

"四大家族"中，各企业工业机器人产品也各有特点，ABB 机器人在控制性、整体性上表现最好；FANUC 机器人在重量、操作简易性上具有优势；KUKA 机器人则广泛应用在汽车生产线上（表1-4）。

表1-4　工业机器人四大家族比较

企业	主要机器人产品	机器人最主要应用领域	机器人产品优势	产品系列名称	机器人单体售价⊖
ABB	搬运、焊接、喷涂和特殊机器人	电子电气、物流搬运	控制性、整体性好	IRB系列机器人	5000～26000英镑
FANUC	数控系统；清洗、搬运、点焊、弧焊、装配机器人	汽车工业、电子电气	重量轻，标准化编程，操作简单	R2000系列，S系列	6500～12500英镑
Yaskawa	伺服电机；点焊、弧焊、喷涂机器人	电子电气、物流搬运	高精度、高附加值	Motorman系列	3500～6000英镑
KUKA	焊接、码垛、装配、清洁机器人	汽车工业	反应速度快，标准化编程、操作简单	KR系列	5500～17500英镑

资料出处：《2014年机器人专题报告之一：工业机器人革命》，招商证券。

⊖　2014年12月31日英镑汇率：1英镑=9.6432人民币。

（1） ABB

ABB 是全球电力和自动化技术领域的领导企业，致力于为工业、能源、电力、交通和建筑行业的客户提供解决方案，业务遍布全球 100 多个国家，拥有 15 万名员工，2013 年销售收入约为 420 亿美元。ABB 同时也是全球领先的工业机器人供应商，提供机器人产品、模块化制造单元及服务。截至 2015 年，在世界范围内安装了超过 25 万台机器人。

ABB 于 1974 年推出全球第一台全电动微机控制工业机器人。目前，ABB 主营业务有五项，分别是电力产品、电力系统、低压产品、离散自动化与运动控制，以及过程自动化，年收入分别为 110 亿、84 亿、77 亿、99 亿和 85 亿美元。2010 年后机器人被归入离散自动化与运动控制业务，机器人业务收入大约占整个离散自动化与运动控制业务的 20%，2013 年机器人业务收入为 20 亿美元左右。公司 2013 年在亚洲地区的总收入为 112 亿美元，在欧洲地区为 144 亿美元，在美洲为 121 亿美元，成熟市场收入占总收入的 54%，略高于新兴市场的 46%。

ABB 2013 年在中国市场的总收入达 54 亿美元，其中超过 80% 的销售额由中国工厂创造。专利注册数同比增长 12%。中国已成为 ABB 全球第二大市场。目前，企业业务范围已经扩展到中国近 60 个大中城市。ABB 的 IRB 系列机器人具有出色的控制性和整体性，在整个机器人应用领域拥有忠实的客户群体。

（2）FANUC

FANUC（发那科）成立于 1956 年，目前是世界上最大的专业数控系统生产厂家，占据了全球 70% 的市场份额。FANUC 于 1959 年首先推出了步进电机，70 年代成功研制数控系统 5，随后又与 SIEMENS（西门子）公司联合研制了具有先进水平的数控系统 7。2013 年集团整体业务收入达 53 亿美元。

1974 年，FANUC 首台机器人诞生。目前公司机器人产品系列多达 240 种，负重从 0.5 公斤到 1.35

吨，广泛应用在装配、搬运、焊接、铸造、喷涂、码垛等不同生产环节。FANUC 机器人产品在北美市场占有率为 50%，在日本占有率为 25%，在欧洲占有率为 25%，在中国则占有 23% 的市场份额。2011 年，FANUC 全球机器人装机总量超过 25 万台，真正成为工业机器人的领头羊。2013 年，FANUC 再创新高，装机总量突破 33 万台，市场份额稳居第一。

（3）Yaskawa

Yaskawa（安川电机）是运动控制领域专业的生产厂商，是日本第一个做伺服电机的公司，其产品以稳定快速著称，性价比高，是全球销售量最大，使用行业最多的伺服电机品牌。在日本，Yaskawa 多年来一直占据最大的伺服电机市场份额。2013 年，Yaskawa 整体业务收入 3636 亿日元，其中机器人事业部收入 1225 亿日元，占总收入的 34%，Yaskawa 的最大销售市场是在日本，占 Yaskawa 总销量的 41%。中国是 Yaskawa 的第二大市场，占总销量的 19%。

1977 年，Yaskawa 开发生产了日本第一台全电气化的工业机器人——莫托曼 1 号。此后，相继开发了焊接、装配、喷漆、搬运等各种各样的自动化机器人。1990 年，Yaskawa 开发了全球第一台带电作业机器人。2005 年，Yaskawa 又开发了新一代工业用双臂机器人，机器人最高轴数达到了 15 轴。截至 2013 年 9 月，工业机器人累计出售台数已突破 28 万台。

（4）KUKA

KUKA（库卡）是世界顶级的为自动化生产行业提供柔性生产系统、机器人及备件的供应商之一。客户几乎遍及所有汽车生产厂家。在机器人技术研发方面，KUKA 一直走在最前沿。1973 年，KUKA 研制了全球第一台六轴机电驱动机器人；1989 年，KUKA 研制了使用无刷电机的新一代工业机器人；2007 年，KUKA 开发出了当时最强大的工业机器人"Titan"。

KUKA 机器人的优势主要集中在汽车行业。在汽车行业，KUKA 有着非常忠实的客户群体，2013 年 KUKA

机器人在汽车行业的市场地位高居世界第一，戴姆勒、大众、宝马和福特都是 KUKA 的忠实客户（图 1 - 10）。2013 年 KUKA 总收入 17.7 亿欧元，同比增长 2%。

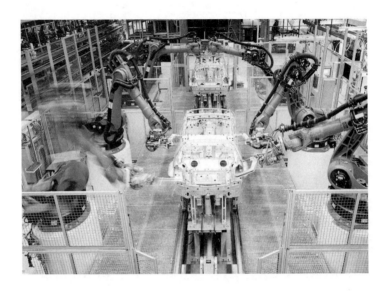

图 1 - 10　用于汽车产业的工业机器人

图片出处：KUKA 公司官方网站。

目前中国已经成为 KUKA 的全球第一大市场，2013 年 KUKA 在中国市场的机器人订单达 3474 个，占整个中国市场机器人销量的 10%，订单总金额 2.74 亿欧元。

在中国，KUKA 拥有深厚的客户基础，几乎所有大型汽车生产厂商都采用了 KUKA 的工业机器人。除此之外，KUKA 机器人在工程机械、食品等行业也有忠实的客户群体。

从核心零部件的角度来看，工业机器人的关键基础部件包括构成机器人传动系统、控制系统和人机交互系统，对机器人性能起关键影响作用，并具有通用性和模块化特征的部件单元，主要分成以下三部分：机器人减速机、交直流伺服电机和驱动器、机器人控制器等（表 1-5）。

表 1-5　工业机器人关键部件供应商

关键部件名称	研发企业或产品	特　点	中国的差距
机器人减速器	Nabtesco（日本）：RV 摆线针轮减速机	使用企业：ABB、FANUC、KUKA、MOTOMAN	无成熟产品
	Harmonic Drive 高性能谐波减速器		已有替代品，但在输入转速、扭转高度、传动精度、效率等方面差距很大

（续）

关键部件名称		研发企业或产品	特　点	中国的差距
交直流伺服电机和驱动器		欧系：伦茨、Lust、博世力士乐	过载能力、动态响应好，驱动器开放性好，有总线接口，价格昂贵	国内科研机构的同类产品动态性能、开放性、可靠性尚需验证
		日系：Yaskawa、松下、三菱	价格相对低，动态响应能力差，开放性较差	
机器人控制器	运动控制卡	Delta Tau：PMAC 卡	——	固高科技已经开发出相应成熟产品，但产业化应用相对较少
	PLC 控制系统	Beckhoff：TwinCAT 系统	——	——

资料出处：《青岛市工业机器人产业发展路线图》。

第5节　工业机器人的全球市场状况

经过 40 多年的飞速发展，工业机器人技术日趋成熟，已经成为一种标准设备，得到了工业界的广泛应用。

国际机器人联盟（IFR）每年都会搜集各国机器人有关行业商协会的统计数据（各领域的机器人销量和存量等），将数据进行整理和分析之后，发布一份有关机器人产业的国际统计——《World Robotics》报告。根据国际机器人联盟2015年的统计，全球工业机器人需求在2014年达到了有史以来的最高点，年销售量约22.9万台，同比增长了29%。国际机器人联盟还预测，到2018年，全球工业机器人年销量将高达40万台（表1-6）。

表1-6　近年来各国/地区工业机器人安装量

（＊表示预测数据）　　　　　　　　　（单位：台）

国家/地区	2013	2014	2015＊	2018＊
美洲	30,317	32,616	36,200	48,000
巴西	1,398	1,266	1,000	3,000
北美（加拿大、墨西哥、美国）	28,668	31,029	35,000	44,000
其他	251	321	200	1,000
亚洲	98,807	139,344	169,000	275,000
中国	36,560	57,096	75,000	150,000

（续）

国家/地区	2013	2014	2015 *	2018 *
印度	1,917	2,126	2,600	6,000
日本	25,110	29,297	33,000	40,000
韩国	21,307	24,721	29,000	40,000
中国台湾地区	5,457	6,912	8,500	12,000
泰国	3,221	3,657	4,200	7,500
其他	5,235	15,535	16,700	19,500
欧洲	43,284	45,559	49,500	66,000
捷克	1,337	1,533	1,900	3,500
法国	2,161	2,944	3,200	3,700
德国	18,297	20,051	21,000	25,000
意大利	4,701	6,215	6,600	8,000
西班牙	2,764	2,312	2,700	3,200
英国	2,486	2,094	2,400	3,500
其他	11,538	10,410	11,700	19,100
非洲	733	428	650	1,000
归属国家/地区不明确	4,991	11,314	8,650	10,000
共计	178,132	229,261	264,000	400,000

报告称，2014年机器人销售台数的增长动力，主要来自亚洲日益增长的自动化需求和欧美日市场的复苏强劲。

美洲地区，美国、墨西哥以及南美的巴西都在积极应用工业机器人，机器人的安装数量在以上国家都创下了新高。

亚洲及太平洋地区，除了日本之外，都出现了高速的增长，这一地区已经成为工业机器人最大的应用地区。尤其是被称为"世界工厂"的中国，在过去 10 年间工业机器人的安装量增长了 15 倍以上。此外，东盟以及印度等地区也都开始陆续应用工业机器人，装机增长也非常明显。

在欧洲区域内，德国、法国、意大利、英国、瑞典、西班牙等国家的机器人产业比较发达，此外东欧各国在近 10 年以来机器人产业也得到了快速发展。

伴随着世界各地工业机器人年安装数量的增长，全球工业机器人的总安装量已经接近 150 万台，而这一数值在 2018 年有望突破 230 万台（表 1 - 7）。

表 1-7　全球工业机器人的总安装量

（＊表示预测数据）　　　　　（单位：台）

国家/地区	2013	2014	2015＊	2018＊
美洲	226,071	248,430	272,000	343,000
巴西	8,564	9,557	10,300	18,300
北美（加拿大、墨西哥、美国）	215,817	236,891	259,200	323,000
其他	1,690	1,982	2,500	1,700
亚洲	689,349	785,028	914,000	1,417,000
中国	132,784	189,358	262,900	614,200
印度	9,677	11,760	14,300	27,100
日本	304,001	295,829	297,200	291,800
韩国	156,110	176,833	201,200	279,000
中国台湾地区	37,252	43,484	50,500	67,000
泰国	20,337	23,893	27,900	41,600
其他	29,188	43,871	60,000	96,300
欧洲	392,227	411,062	433,000	519,000
捷克	8,097	9,543	11,000	18,200
法国	32,301	32,233	32,300	33,700
德国	167,579	175,768	183,700	216,800
意大利	59,078	59,823	61,200	67,000
西班牙	28,091	27,983	28,700	29,500
英国	15,591	16,935	18,200	23,800
其他	81,490	88,777	97,900	130,000
非洲	3,501	3,874	4,500	6,500
归属国家/地区不明确	21,070	32,384	40,500	41,500
共计	1,332,218	1,480,778	1,664,000	2,327,000

综上所述，全球机器人产业处于成长期，各国均看好工业机器人的未来前景，积极加大资源投入，进行工业机器人的相关技术和产品研发。也就是说，工业机器人的总安装量和总保有量将持续增加。

第6节　各国制造业与工业机器人产业的比较

（一）美洲

美洲地区的机器人应用主要集中在美国、加拿大、墨西哥和巴西等国家。这些国家的特征是，汽车产业的机器人安装比例超过一半。

而美国机器人工业协会（RIA，Robotic Industries Association）一般按照美洲地区工业机器人的不同行业、不同用途来统计，将美国、加拿大以及墨西哥三个国家的情况作为"北美"地区的数据提交给IFR，对巴西则单独采集数据。

（1）美国

美国是机器人的诞生地，1962 年销售世界上第一台机器人。20 世纪 60 年代到 70 年代期间，美国只在几所大学和少数公司开展机器人研究工作；70 年代后期，美国在技术路线上将机器人软件及军事、航天、海洋、核工程等特殊领域的高端机器人开发视为重点；进入 80 年代后，美国开始研制带有视觉、触觉的第二代机器人。

美国机器人的技术特点是：性能可靠，功能全面，精确度高；机器人语言类型多、应用广，水平高居世界之首；智能技术发展快速，机器人的视觉、触觉等人工智能技术已在航天、汽车等工业得到广泛应用；高智能、高难度的军用机器人、太空机器人等发展迅速，在国际上处于领先地位。

2013 年 3 月，美国白宫科技政策办公室发布了《从互联网到机器人——美国机器人发展路线图》，将工业机器人的发展列为首要任务，提出了促进工业机器人技术发展的 9 项重点领域（图 1－11）。

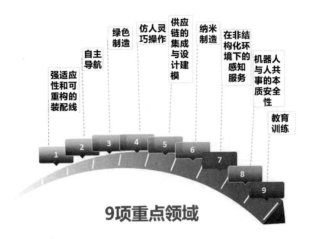

图 1-11　美国工业机器人技术发展的 9 项重点领域

图片出处：《世界机器人未来大格局》，王喜文。

美国在汽车、飞机、计算机、化工等行业的产品生产及销售数量始终保持全球第一。其主要原因是美国人口数量较多且消费水平较高，带动了制造业的持续发展。奥巴马政府所倡导的"制造业回归"进一步鼓励工业机器人的应用。传统机器人以汽车行业为主要应用领域，未来将向电子、化工等领域进一步转移，2015 年工业机器人的安装数量也突破新高。

（2）加拿大

加拿大是日本、美国等汽车厂商、汽车零部件厂商的生产基地。除了汽车行业非常发达之外，还聚集了飞机、轨道交通、食品饮料、包装等行业的许多制造业企业。这些领域的工业机器人安装总数已经接近汽车产业所使用的工业机器人数量。

（3）墨西哥

1994 年 1 月 1 日北美自由贸易协定（NAFTA）生效之后，墨西哥凭借廉价的劳动力资源，开始承接来自美国和加拿大的产业转移，尤其是汽车和家电行业发展迅猛。这直接导致了工业机器人的需求大幅提升，最近 10 年，墨西哥已经成为年均安装数量增长 2 倍以上的工业机器人市场。

（4）巴西

巴西作为金砖国家之一，受到了日本、美国以及德国、法国等发达工业国的青睐，得到了大量的外商直接投资。汽车、造船、钢铁以及飞机等产业发展迅速。

随着巴西经济的高速增长，最近10年其工业机器人市场已经增长超过7倍，其中80%面向汽车行业。

（二）亚洲及太平洋地区

亚洲及太平洋地区的工业机器人市场主要集中在日本、中国、韩国、中国台湾地区、新加坡、泰国、印度以及澳大利亚、新西兰等国家和地区。

日本、中国、韩国、中国台湾地区的电子制造业较为发达，中国、日本、韩国汽车产业规模较大。所以，汽车和电子制造业领域对工业机器人的需求一直很旺盛。

（1）日本

日本制造业领域中电子、汽车以及机械、化工等行业技术成熟度较高，是生产率相对较高的行业。工业机器人的应用也集中在这些行业之中。

日本机器人产业的发展主要依赖其制造业。近年来，随着经济全球化的发展，汽车和电子制造业开始加速向发展中国家进行产业转移，也使得日本国内工业机器人的应用市场日益萎缩。

（2）中国

中国 GDP 在 2010 年超过日本，成为仅次于美国的经济大国，并且有着 13 亿多人口的庞大国内市场。在近年来经济快速增长的同时，市场潜力也在进一步释放。仅就汽车市场而言，在 2012 年中国已经超过美国，成为全球最大的市场了。

中国目前主要依靠数量庞大且价格低廉的劳动力，生产中低端的制造业产品，面向发达国家出口。但是，这种模式在近年来面临极大的挑战，人口红利的消失、劳动力人口的不足、工资的上涨等因素使这一模式亟须调整。因此，为了提升国际竞争力，确保产品质量，提升稳定性，工业机器人成为了唯一的选择。

中国除了已经成为世界最大的汽车市场之外，电子制造业的规模也非常庞大，以富士康为代表的电子合约制造（EMS 或 ODM），企业数量庞大，这也加速带动了工业机器人的市场需求。

（3）韩国

韩国的主要产业有信息通信、半导体、造船、钢铁、汽车等，主要企业有三星电子、现代汽车、LG 电子、浦项制铁和现代重工等。目前，韩国是智能手机和 LCD（液晶显示器）以及半导体存储器等产品的生产大国，其汽车制造业也在全球占据重要地位。

韩国的工业机器人主要用于电子制造业。在电子制造业领域的工业机器人保有数量已经超过了日本。

（4）中国台湾地区

中国台湾地区的高科技产业主要集中在电子制造业，也就是半导体、LCD、计算机、智能手机以及汽车零部件等。根据 IFR 的统计，中国台湾地区工业机器人的最大市场是 LCD 产业。

（5）新加坡

新加坡以前的主要产业是航海和航空，以重工业为核心，是东南亚地区的最主要工业国家，近年来，电子制造业也得到了快速发展。据 IFR 统计，新加坡工业机器人主要用于半导体产业，尤其是全球第二大电子代工企业 Flextronics 采用了大量的工业机器人。

（6）泰国

由于税收政策的优惠，很多日资企业，尤其是汽车、家电、精密仪器等行业的日资企业都在泰国投资建厂，泰国也渐渐成为面向东盟各国的出口基地。汽车和电子制造业对其国内经济起到了重要的带动作用，使得泰国制造业实现了平稳增长。

根据 IFR 的统计，泰国的工业机器人应用主要集中在汽车、汽车零部件的焊接、家电的塑料成型等领域。

（7）印度

印度是仅次于中国的世界第二人口大国，印度制造业主要集中在技术含量不高的食品和纺织行业。近年来，印度政府高度重视制造业发展，汽车、电子制造业、机床、生物制药等产业已经逐步成型，正日益壮大。这催生了工业机器人在这些领域的应用。

（8）澳大利亚

目前，IFR 将澳大利亚和新西兰的工业机器人市场统一统计为太平洋地区的市场数据。其中，澳大利亚有着丰富的物产资源，是典型的农业大国，制造业在国民经济中所占的份额并不高。工业机器人的应用主要集中在食品制造和深加工等领域。

（三）欧洲

欧洲是主要机器人产业发达国家汇集的地区，工业机器人应用市场较大，主要应用国家包括德国、意大利、法国、英国以及西班牙。

（1）德国

目前，德国工业机器人的总数居世界第三位。20

世纪 70 年代中后期德国政府在"改善劳动条件计划"中规定，对于一些作业环境有危险、有毒、有害的工作岗位，必须以机器人代替人的劳动。这一计划推动了工业机器人技术的发展。

德国也是欧洲地区最大的经济体和最大的工业国家，在汽车、化工、机械、钢铁、电子等制造业领域都有许多重量级的企业。德国除了将工业机器人广泛应用在汽车产业以外，还在纺织工业中大量使用工业机器人，使纺织业得到了重振。

（2）意大利

意大利制造业主要集中在纺织、化工等领域，汽车、钢铁、橡胶、重工业也较为发达。

意大利工业机器人应用的前三大领域依次为汽车、食品制造和化工。

（3）法国

法国制造业以食品制造业、造纸、飞机、高铁、电子、化工和汽车为主。食品行业有着享誉全球的世界最大规模的红酒产业，还有奶酪、黄油、糖果等大量的消费品工业。

法国工业机器人应用的前三大领域依次为汽车、化工和食品制造业。

（4）英国

英国是工业革命的发源地，而如今英国是世界上首屈一指的金融中心。当前，英国制造业最具国际影响力的领域是生物制药和化工，此外汽车产业也影响深远，如劳斯莱斯、宾利和捷豹等高端汽车品牌一直为世人所青睐。

英国工业机器人的应用市场也主要集中在汽车和化工行业。

（5）西班牙

西班牙的产业结构主要由建筑业和旅游业构成。尽管制造业并不是西班牙经济的支柱产业，但西班牙的制造业也有着举足轻重的地位，其领域主要包括食品制造、化工、工程机械以及汽车。西雅特和毕加索都是国际知名的汽车品牌，工业机器人的应用市场也主要集中在汽车行业、食品制造业和化工行业。

第7节　工业机器人的问题所在

（一）示教需要简化

目前工业机器的主要形态是机械手、机械臂，是多关节机器人，由类似电视遥控器那样有一排按键的教学辅助控制器来操纵机器人的工作，对持有工具的机器人的动作轨迹进行示教之后，机器人再按照示教的动作轨迹驱动工具工作，是一种示教再现的编程方式。

但是使多关节机器人按照设计进行操作，需要一定程度的训练，尤其是关节较多的机械手或者多个机械手如何协调？这个问题即使熟练的示教人员解决起来也得花费很多时间。而未来工业机器人系统必然会越来越复杂，如何将示教过程简化是最大的挑战。

人类通过五官五感（视觉，触觉，听觉，味觉和嗅觉）来把握周边环境，由此制订计划采取下一步行动。对人类而言视觉是最为重要的信息感知来源，工业机器人也一直希望利用摄像头以及图像处理技术实现"视觉"感知功能。但是，示教的位置和实际的工作总是或多或少存在一些偏差。亟待高速度、高精度的物联网传感器来辅助这些功能最终实现。

（二）从简易示教到无示教

示教的简化是工业机器人的技术追求方向。但是，无示教才是用户的终极需求。

人类只要记住工具的使用方法，工作步骤或者理解图纸内容，以后遇到类似的工作，通过稍加练习，就可以完成。即便是位置或者形式发生变化，也能够根据情况自主进行调整，完全适应工作。

这一点是目前的工业机器人不具备的功能，因此，很多研究人员都在研究如何让工业机器人与工人协同工作，如何让工业机器人像工人一样工作（图

1－12）。这就是"机器人的智能化"研究。这项研究主要围绕环境识别、作业判断、作业执行等步骤的智能化方式方法开展。

图 1－12　工业机器人与工人一起进行装配作业

图片出处：《日本机器人白皮书（2014）》，NEDO（新能源及产业技术综合开发机构）。

第 2 篇

升级背景：

新一代信息技术的快速发展

近年来，随着传感器、人工智能等技术的进步，机器人正朝向与信息技术相融合的趋势发展。由此诞生的结合"自律化""数据终端化""网络化"等世界领先技术的机器人正在全世界范围内不断地获取数据、获得应用，并推进数据驱动型的创新。机器人在这一过程中，在制造、服务领域带动产生新附加值的同时，还将成为给信息传达、娱乐和日常通信等领域带来深远变革的关键设备。

机器人的概念也将发生变化。以往，机器人主要指具备传感器、智能控制系统、驱动系统等三要素的机械。随着数字技术的进展、云计算等网络平台的成熟以及人工智能领域的进步，一些机器人即便没有驱动系统，也能通过独立的智能控制系统驱动，联网访问现实世界的各类物体或用户。未来，随着物联网的进化，机器人仅通过智能控制系统，就能够应用于社会生活的各个场景之中（图 2 - 1）。那时，只有兼具三要素的机械才能被称为机器人的已有观念，将有可能发生改变。

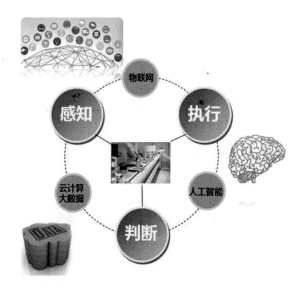

图 2 - 1　新一代信息技术在机器人中的应用

第 3 章　物联网：机器人的智能感官

2013 年，美国首先喊出了"万亿传感器革命"这一口号。

"万亿传感器革命"这一说法，最初出现在美国产学联合会议"万亿传感器峰会（TSensors Summit）"上。该会议由仙童半导体公司副总裁 Janusz Bryzek、加州大学圣地亚哥分校工学院院长 Albert P. Pisano 等共同主持。支持并参加该会议的有来自 ICT（信息通信技术）、半导体、电子零部件行业的多家著名企业和组织，及多所大学和研究机构。

会议提出了"万亿个传感器覆盖地球（Trillion Sensors Universe）"计划，计划推动在社会基础设施建设和公共服务中每年使用1万亿个传感器（图2-2）。1万亿，这个数字相当于目前全球传感器市场需求的100倍。可以预见，在不久的将来，我们身边将到处布满传感器——物联网时代即将真正到来！

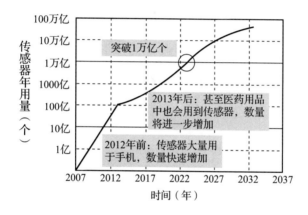

图 2-2 万亿传感器的物联网时代

物联网是将现实世界与信息技术紧密结合的系统。通过信息技术源源不断地获取从摄像头等各种传感器采集的现实世界的数据，物联网将直接或间接地对机器人在现实世界的活动产生影响。

信息技术与现实世界的融合，除了"物联网"之外，还有其他表述。例如，美国自然科学基金（NFS）早在 2006 年就召开了 CPS（Cyber Physical Systems，信息物理系统）工作组会议，探讨 CPS 的可行性，并认为 CPS 是美国在未来世界保持竞争力的关键所在；IBM 提出 Smart Planet（智慧地球）愿景，致力于应用传感器推动信息技术与现实世界的融合；惠普也推出了 CeNSE（the Central Nervous System for the Earth，地球中枢神经系统）这一同类型概念。

IT 行业巨头们不约而同地推出"物联网"或类似概念，是因为物联网的发展既能够满足社会进步的需求，也是一项极有前景的业务。

其实，信息技术与物理世界的结合并非是最近才开始的。飞机与汽车之中实际上已经嵌入了复杂的信息技术。一辆高端汽车之中有可能含有 100 多项信息技术工艺。那么为什么如今在机器人领域重新提及"物联网"呢？

首先，比起数据量与处理量等方面的复杂度，社会系统中还要求许多跨领域的质的复杂度。例如，机器人必须感知环境数据，结合经验数据，实现智能决策，才能进行自律操作。

其次，物联网与现实世界紧密相融。对于机器人来说，现实世界无法实现完全的模式化，因此无法知道下一刻会发生什么。现实世界中的行为都是以人类和机器人的活动为起因的，不管是个体行动还是集体行动，一般来说都难以借助模式化进行预测。相对于传统信息技术，物联网技术能够帮助机器人灵活应对诸如此类的现实世界环境的动态变化。

重力传感器、语音传感器、图像传感器等遍布机器人身体各部位的传感器能够采集大量的数据监测信息。由于这些数据具有时间与空间属性，因此可以将机器人的现实活动反映于网络虚拟空间，进而将这些信息进行汇集，通过数据分析，便能够指导机器人的下一步行动（图 2 - 3）。

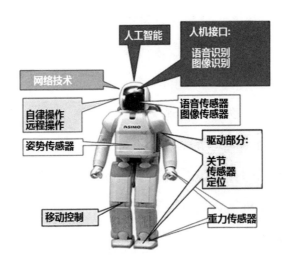

图 2 - 3　机器人上的传感器

图片出处:《机器人＋:战略行动路线图》,王喜文。

　　利用物联网技术,将让机器人具备智能感官。从物联网技术的角度展望机器人的发展,将与传统机器人的发展概念完全不同。未来机器人的发展需要的是基于物联网的新技术、新设计、新解决方案。机器人和物联网传感器既要实现软硬件的兼容,又要实现各种接口数据格式的标准化,从而能够在工作环境中信息资源充分共享和集成的基础上,实现机器人的自律操作和智能行动。

当然，机器人对传感器有着特殊的要求。

传感器作为机器人的智能感官，在计算测量方面发挥着重要作用，在未来机器人上应用的传感器与传统的物联网传感器也有着不同的要求。

① 轻量化、小型化

由于受到机器人自身"身高"和"体重"的限制，嵌入机器人身体之内的传感器要求尽量轻量化、小型化。

② 低耗电量

机器人并不是像台式计算机那样插着电源工作，而是需要依靠电池驱动的。所以，为了延长工作时间，低耗电量也是传感器必须考虑的条件之一。

③ 实时性

实时性主要是指从传感器获取信息，实时探测机器人的动作和环境的变化。一旦感知数据和控制对象发生变化，则需要及时作出相应的调整。

④ 结合执行器扩大感知能力

机器人都具备执行器。因此，通过执行器，积极调整传感器状态，才能扩大感知能力。

⑤ 抗环境干扰能力

人类的生活环境对于机器人来说是复杂的，不像工厂那样有着恒温、恒湿等固定环境。这就需要机器人能够适应不可预见的光线、噪声和温度变化等复杂环境因素，也要求传感器即便是在噪声环境中，也能不受干扰，正确执行工作。

我们知道，日本机器人的实力最开始是因其在工业领域的普及而受到全球认可的。目前，日本仍然保持工业机器人产量、安装数量世界第一的地位。2012年，日本机器人产值约为3400亿日元，占全球市场份额的50%，安装数量（存量）约30万台，占全球市场份额的23%。而且，日本企业在机器人主要零部件，包括机器人精密减速机、伺服电机、重力传感器等方面，占据90%以上的全球市场份额。

伴随德国"工业 4.0"战略的影响不断升温，生产制造领域的工业机器人也需要不断朝智能化方向升级。为此，日本政府于 2015 年 1 月 23 日公布了《机器人新战略》。该战略重视欧美与中国的技术赶超，认为互联网企业向传统机器人产业的渗透，给机器人产业环境带来了剧变。这些变化，将促使机器人应用大数据实现自律化，使机器人之间实现网络化，物联网时代也将随之真正到来。

2015 年 5 月，"日本机器人革命促进会"正式成立，标志着"机器人新战略"迈出了第一步。最初，"机器人新战略"主要有两大目的，即"扩大机器人应用领域"与"加快新一代机器人技术研发"。而近两年来，德国的工业 4.0、美国的工业互联网等概念相继涌现，加速了以新一代信息技术为主线的制造业创新。日本政府也积极跟进，决定在"日本机器人革命促进会"下设"物联网升级制造模式工作组"。机器人与物联网技术的融合趋势日益明显。

第 4 章 云计算：机器人的智能大脑

云计算（cloud computing）是基于互联网的相关服务的增加、使用和交付模式，通常涉及通过互联网来提供动态易扩展且经常是虚拟化的资源。

　　根据美国国家标准与技术研究院（NIST）的定义，云计算是一种按使用量付费的模式，这种模式提供可用的、便捷的、按需的网络访问，进入可配置的计算资源共享池（资源包括网络、服务器、存储、应用软件和服务），这些资源能够被快速提供，只需投入很少的管理工作，或与服务供应商进行很少的交互。云计算是计算机科学和互联网技术发展的产物，也是引领未来信息产业创新的关键战略性技术手段。

正因如此，云计算将带来三大改变：

（一） 云计算创造后来居上的机遇

云计算激发了技术大变革，行业技术竞争的焦点转向了数据中心计算，转向了新型人机交互和智能算法等方面。从芯片开始，计算、存储和网络连接的软硬件，服务器端的操作系统和基础软件，客户端设备上的操作系统等都发生了颠覆性的变化，Linux、MySQL、Hadoop、OpenStack 等开源软件和开放技术占据了主导地位。

（二） 云计算将助推传统产业创新发展

云计算开创了软件即服务、平台即服务、基础设施即服务等全新 IT 服务模式，其中软件即服务模式提供低廉的在线软件租用服务，平台即服务模式提供快速的从技术开发到服务运营的能力，基础设施即服务模式提供低成本和高可靠性的基础设施托管服务。云计算服务模式不仅带给全球信息产业深远的变革机会，同时也给传统产业带来了新的发展机遇。

（三）降低信息化成本，提高管理运营效率

许多机构不仅表现出了对使用云计算缩减信息化成本的兴趣，还希望能够更灵活更高效地运营业务。

有了云计算，机器人就像其他网络终端一样，本身不需要存储所有资料信息，或具备超强的计算能力，只要在需要时连接相关服务器即可获得所需信息。

一方面，中央控制系统（大脑）的开发人员可以通过一个开放的开发平台来为机器人添加、完善各种功能，在关系上实现与硬件设备的脱离。这将在一定程度上提高机器人市场应用的成熟度。

另一方面，云计算技术能够将所有机器人检索到的信息都共享给开发人员，数据越多，越有利于机器人学习，越有利于提高机器人的人工智能水平。

在机器人领域，有一些研究团队已经取得了较大

的进展。例如：日本本田技研工业株式会社研制的仿
人机器人 ASIMO 已经能够完成基本动作，实现简单的
沟通和交流；而来自欧洲五所大学的研究人员已经开
发出供机器人使用的云计算平台——机器地球
（RoboEarth）。该平台是允许机器人通过互联网访问并
使用数据中心进行计算、存储和通信的基础架构（图
2-4）。

单个的机器人往往是孤立的，其功能和行为在出
厂时基本已经通过程序设定好了，一般不具备自主学
习能力。因此，当机器人处于陌生的环境中时，就不
能读懂环境信息并有效应对一些事件。RoboEarth 是专
门为机器人提供服务的一个网站，是一个巨大的网络
数据库系统，机器人在这里可以分享信息、互相学习
彼此的行为与环境。据了解，这是一个基于云计算服
务的平台（PaaS），它能帮助机器人实现一些复杂的
操作，例如测绘、导航和对语音指令的处理。比如：
许多交通机器人（无人驾驶飞机和自动行驶汽车）可

以通过这个平台，利用大量计算实现导航，保障道路畅通。工厂里的工业机器人也可以通过访问这个平台，实时获取它们之间协同工作的有关指示，实现紧密合作。

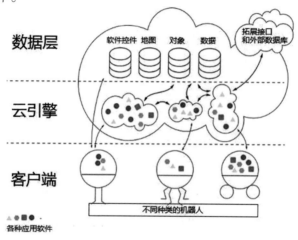

图 2 - 4　RoboEarth 架构图

资料出处：RoboEarth 官方网站（作者改译）。

众所周知，带宽不足、流量成本高等问题制约着云计算的发展。目前，我国平均网络带宽与美国、日本、韩国等国家差距明显。根据德国一家市场调研公司公布的 2013 年全球互联网网速排名数据显示，韩国以平均 17.2Mbps 的网速继续排名世界第一，日本排在第二位，为 11.7Mbps。然后是中国香港（10.9Mbps）、瑞士、荷兰、拉脱维亚、捷克共和国、瑞典、美国和丹麦。而我国的平均网速只有 1.7Mbps，与排名第一的韩国以及排名第二的日本相比相差将近一个数量级。中国网速全球排名第 98 位，远远落后于全球 3.1Mbps 的平均水平。在亚太地区，我国甚至落后于泰国和马来西亚。不仅如此，从比特率、结构速率来讲，我国的宽带也存在较大差距。此外，我国宽带发展还存在地域性不均衡、城乡发展不平衡的现象。

足够快的、可靠的、低成本的、容易获取的带宽资源，是云计算产业发展的前提和基础。云计算的核心就是网络和数据中心的应用，接入网络和数据中心的带宽直接决定了企业使用的云计算平台的质量。以目前的宽带容量计算，如果多个用户同时使用业务，达到峰值带宽，就会造成网络瘫痪，业务就会发生中断。可以说，带宽问题对于云服务影响极大。

目前，我国云计算产业链已经初步形成，虚拟化、分布式计算、数据中心、大数据挖掘等技术开始得到应用，医疗云、金融云、物流云等行业云计算应用也纷纷涌现。但是，宽带不足、覆盖范围不广等问题，限制了云计算用户最大程度地从中获益。有专家形容，网络带宽难以保障，成为了制约云计算发展的"隐形杀手"。

产生上述情况的一个重要原因是缺少必要的宽带基础设施来支持云计算服务。国家宽带网络正在改变这一局面，成为云计算发展的关键推动力量。工业和信息化部已经采取了很多措施来实现这一愿景。

第5章 大数据：让机器人智能决策

机器人如何自行学习？在大数据时代，问题迎刃而解。大数据能够向机器呈现以往人类的经验和其他机器人的经验。机器可以应用大数据挖掘的各种算法，判断哪种行为的成功率更高，从而采取有效的行动。对于未来的机器人而言，一旦大数据的"量"足够多，就会对机器人的行为响应造成"质"的影响。

　　所以说，大数据是人工智能以及机器人的重要支撑。

　　通常认为，人工智能主要有三个分支（图 2-5）：

图 2-5　人工智能主要有三个分支

图片出处：《机器人＋：战略行动路线图》，王喜文。

①基于规则的人工智能；

②无规则，计算机读取大量数据，根据数据统计、概率分析等方法，进行智能处理的人工智能；

③基于神经元网络的深度学习。

基于规则的人工智能，系在计算机内根据规定的语法结构录入规则，用这些规则进行智能处理缺乏灵活性，实用性也不强。因此，人工智能实际上的主流分支是后两者。二者都是通过计算机读取大量数据，提升人工智能本身的能力和精准度。在大量数据产生之后，有低成本的存储器将其存储，有高速的 CPU 对其进行处理，人工智能这两个分支的理论才得以实践。由此，人工智能就能做出接近人类水平的处理或者判断。与此同时，采用人工智能的服务作为高附加值服务，有利于获取更多用户，而不断增加的用户将意味着产生更多的数据，使得人工智能的水平进一步得到优化。

机器学习是指从一类从数据中自动分析获得规律，并利用规律对未知数据进行预测的技术，是使机器人获得智能的根本途径。正因为有了大数据，机器人才得以智能决策，大数据使得机器人可以从现实世界的海量数据中提炼出有价值的知识、规则和模式，进行自律操作。

第 6 章　人工智能：让机器人真正智能起来

麻省理工学院的温斯顿教授认为："人工智能的研究对象就是如何使计算机去做过去只有人才能做的智能工作。"概括起来，人工智能是研究人类智能活动的规律，并将这些"规律"数字化，构建成一套系统的学科体系，是研究如何让计算机去完成以往需要人的智力才能从事的工作，也就是研究如何应用计算机的软硬件来模拟人类行为的基本理论、方法和技术。

人工智能被视为 21 世纪科技领域最为前沿的技术之一，被公认为具有显著产业溢出效应的基础性技术，预期能够推动多个领域的变革和跨越式发展，甚至对传统行业产生颠覆性影响。人工智能可以带动工业机器人智能化，成为新一轮工业革命的助推器。除工业领域外，机器人在人工智能的带动下，还可以在国防、医疗、农业、金融、商业、教育、公共安全等领域获得广泛应用，催生新的业态和商业模式，引发产业结构的深刻变革。

第 1 节　人工智能的三个发展阶段

一般来说，人工智能的发展可分为计算智能、感知智能和认知智能三个阶段（图 2 - 6）。

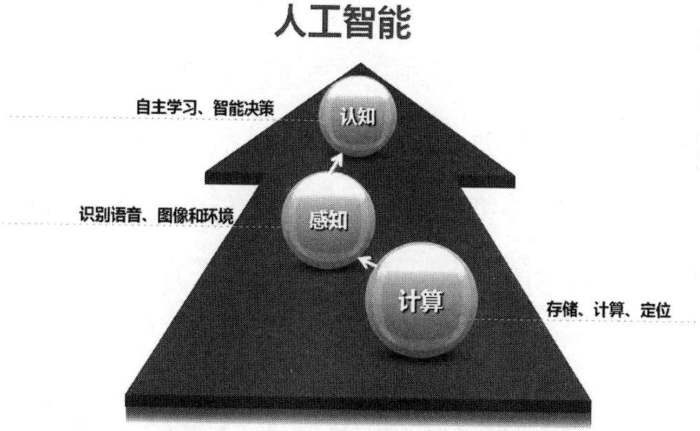

图 2 - 6　人工智能的三个发展阶段

图片出处：《机器人 + ：战略行动路线图》，王喜文。

人工智能的第一阶段的计算智能已经基本实现。所谓计算智能，也就是快速计算和存储能力。18 年前，IBM 的超级计算机"深蓝"树立了一座里程碑：1997 年 5 月 11 日，它战胜了当时的国际象棋世界冠军卡斯帕罗夫，证明了人工智能已经实现了计算智能，而且在某些情况下有不弱于人脑的表现。

感知智能是人工智能的第二阶段，主要包括机器视觉（看）、语音语义识别（听、说）等。感知智能方面最具代表性的研究项目就是无人驾驶汽车，Google 和百度都希望在这个方面实现突破。无人驾驶汽车用各种传感器对周围环境进行处理，用以自动控制，实现自动驾驶。

人工智能的第三阶段是认知智能，主要包括机器学习、智能大脑等，是更高级的、类似于人类的智能。

第 2 节　人工智能是机器人的核心技术

智能机器人实现特定功能有三个步骤：感知、处理和执行，这三个步骤是由智能机器人的硬件系统和软件系统共同协作完成的。软件系统是机器人人工智能技术的主要载体，也是智能机器人的核心。

具体而言，机器人中需要用到的人工智能技术包括：语音识别、图像识别、生物特征识别，以及专家系统、智能搜索、自动程序设计、智能控制等。

1. 语音识别

人机交互必然将向人类最自然的语言沟通模式发展，因此，语音交互技术具备极高的潜在价值，已经逐步融入到各项互联网应用中。

语音是人类最自然便捷的沟通方式，机器人"能听会说"是必然的趋势。目前语音识别技术已经逐渐成熟，智能终端、无线网络、云计算平台等环境条件基本完备，对自然语言的分析、理解、生成、检索、变换及翻译等方面的技术手段日益丰富。

2. 图像识别

图像识别指机器人对图像进行处理、分析和理解，以识别各种不同模式的目标和对象的技术。识别过程包括图像预处理、图像分割、特征提取和判断匹配。简而言之，图像识别就是使机器人像人一样读懂图片的内容。借助图像识别技术，我们不仅可以通过图片搜索更快地获取信息，还可以产生一种新的与外部世界交互的方式，甚至会让外部世界更加智能地运行。

3. 生物特征识别

生物识别技术是迄今为止最为方便与安全的识别技术。因为它不需要使用者牢记复杂的密码，也不需要使用者随身携带钥匙。由于每个人的生物特征具有与其他人不同的唯一性和在一定时期内不变的稳定性，不易伪造和仿冒，因此利用生物识别技术进行身份认定较为安全、可靠、准确。

（1）人脸识别

人脸识别（Face Recognition），是指搜集一个场景的静态图像或动态视频，利用"注册有若干身份已知的人脸图像库"验证和识别场景中单个或者多个人的身份。人脸识别因其非接触、非侵犯和无排斥性成为最友好的生物特征身份认证技术，被广泛应用于安全访问控制、视觉检测、基于内容的检索和新一代人机界面等领域。

（2）声纹识别

声纹识别（Voiceprint Recognition）也被称为说话人识别（Speaker Recognition），通常分为两类，即说话人辨别（Speaker Identification）和说话人确认（Speaker Verification）。前者用以判断某段语音是若干说话人中的哪一个所说的，是"多选一"问题；而后者用以确认某段语音是否是指定的某个说话人所说的，是"一对一判别"问题。不同的任务和应用会使用不同的声纹识别技术，如缩小刑侦范围时可能需要辨别技术，而银行交易时则需要确认技术。不管是辨别还是确认，都需要预先对说话人的声纹进行建模，这就是所谓的"训练"或"学习"过程。

第 3 节　　互联网巨头纷纷转向人工智能

大数据与人工智能相互依赖，也相互促进。有了大数据而没有人工智能，就没有应用落地的效果；反过来，没有大数据人工智能也就没有了依靠。

但在国内，不少人还处于追随"概念"的阶段。

互联网领域"概念"层出不穷，但大都昙花一现。有一些概念即便字面上得以沿用，但是含义却渐渐地相去甚远。

2000 年以来，诞生了"Web2.0""云计算""大数据"等概念，其中"大数据"是相对最新的一个。许多不懂信息技术的管理人员对此热衷不已，不断强调："未来是大数据时代。我们要应用大数据，使传统业务转型发展。"或许，当又一个新的概念诞生之后，这些管理人员还会说："我早就知道以前不过是在炒作，没有实质内容，如今是'**XXX**'时代了!"
于是又积极向这个新的概念上贴靠。

Google、Apple、Amazon、Facebook 被称为互联
网四大巨头。他们是"Web2.0""云计算""大数
据"等领域的先行者、倡导者。但是，他们并没有
专注去发展"Web2.0 产业""云计算产业""大数
据产业"，而是基于这些概念，不断推出能落地的应
用或者产品。

Google、Apple 在很短的时间内，成为智能手机
领域的两大巨头，远远超越其他传统手机企业，也
甩掉了一些跟进的手机厂商。不仅仅是手机，近年
来，从"MP3 播放器""游戏机""数码相机"到
"车载导航"，他们的技术影响力渐渐地遍布了各类
电子产品。就连传统行业也受到了巨大冲击。这一
切，可以说是 Goolge 和 Apple 等互联网巨头带来的产
业变革。

如今，四大巨头不再满足于电子产品，正不断向

人工智能领域拓展。

其实，"Web2.0""云计算""大数据"与人工智能有着密切的关系，它们都是发展人工智能所必备的重要条件。以无人驾驶汽车为例，实现智能的无人驾驶需要大量导航数据，而这些数据是托管在基于云计算技术的远程服务器里的。

因此，对于互联网四大巨头来说，"Web2.0""云计算""大数据"只是表面，而深层则是这些概念的具体落地应用或产品。在各类产品推出之前，首先要搭建"用户体验良好"的生态系统。而"Web2.0""云计算""大数据"构成了搭建生态系统的根基。

"Web2.0""云计算""大数据"只是概念或者技术，人工智能才是贴近大众生活的具体应用或产品。国内互联网三大巨头——BAT（百度、阿里巴巴、腾讯）在 2015 年也毫不掩饰对人工智能的高度重视（表 2 - 1）。

表2-1　国内互联网三大巨头对人工智能高度重视

	时间	言论
百度	2015年5月	人工智能经过大概半个多世纪的发展，目前已经到了一个即将要出现井喷式创新的阶段。当技术从量变到质变的时候，如果不提前布局，可能就被掀个人仰马翻。这也是为什么百度这几年对于人工智能、深度学习的投入非常坚决，非常大手笔。（李彦宏）
阿里巴巴	2015年5月	未来三十年才是互联网技术真正深刻改变社会各方面的时代，云计算、大数据、人工智能等技术将会让无数的梦想成真。（马云）
腾讯	2015年6月	人工智能是我最想做的事情。（马化腾）

　　未来，所有产业领域可能都将通过人工智能以及基于人工智能的机器人实现智能化。人工智能将成为创造高附加值的重要来源，为产业发展发挥巨大的作用，甚至很有可能超过已经给全世界带来了巨变的"互联网革命"，其深远影响将遍及社会各个层面。

第 3 篇

工业机器人 2.0：
智能化的产物

伴随"工业 4.0 时代"的到来，一方面，生产制造领域的工业机器人将成为智能制造的主力军，因为制造业是机器人的主要应用领域，在生产自动化过程中大量采用了机器人，例如今天的汽车产业、电子制造产业的大规模量产技术中，各种机器人的应用非常普遍；另一方面，Google 等互联网企业向机器人产业的渗透，给机器人产业环境带来了剧变，将使机器人开始应用大数据实现自律化、使机器人之间实现网络化，物联网时代将随之真正到来，机器人也将不断地升级为智能机器人。

总而言之，工业机器人将进入"工业机器人 2.0"，即智能工业机器人的时代，其核心是人工智能、大数据、物联网、云计算等新一代信息技术的应用。

第 7 章　智能制造时代开幕

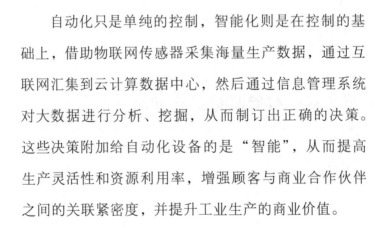

自动化只是单纯的控制，智能化则是在控制的基础上，借助物联网传感器采集海量生产数据，通过互联网汇集到云计算数据中心，然后通过信息管理系统对大数据进行分析、挖掘，从而制订出正确的决策。这些决策附加给自动化设备的是"智能"，从而提高生产灵活性和资源利用率，增强顾客与商业合作伙伴之间的关联紧密度，并提升工业生产的商业价值。

第 1 节　新一轮工业革命正在孕育发生

德国作为制造业大国，于 2013 年 4 月开始实施

"工业 4.0"国家战略，希望在未来制造业中的各个环节应用互联网技术，将数字信息与现实社会之间的联系可视化，将生产工艺与管理流程全面融合。由此实现智能工厂，生产出智能产品。"工业 4.0"在德国被认为是第四次工业革命，旨在支持工业领域新一代革命性技术的研发与创新，保持德国的国际竞争力。制造业占德国国民经济总产值的 26%，作为升级传统制造业的战略发展方向，实施"工业 4.0"是德国政府顺应全球制造业发展新趋势，推进智能制造新模式的客观要求。

正在发生的"工业 4.0"，对于我们来说是机遇还是挑战？在制造业领域，必然会出现采用全新商业模式的企业。传统制造业企业或许还会存留在市场中，但为了应对新的竞争对手，它们的经营管理者一定会在新工业革命期间改变它们的组织结构、管理流程和业务功能。智能手机、可穿戴设备之所以能够成功，不仅仅因为它们是新事物，更重要的是紧随其后的消费文化转变和社会转型。

第一次工业革命，蒸汽机的发明实现了机械化；第二次工业革命，电力技术的发展实现了电气化；20 世纪 70 年代开始，随着信息技术的发展，包括计算机服务系统、ERP（Enterprise Resource Planning，企业资源计划）等软件系统在制造业领域的应用，带来了制造业的数字化和自动化。可以说，前三次工业革命让制造业的生产模式不断地发生进化。而"工业 4.0"则是在第三次工业革命的基础上，对制造业模式的又一次推动。

过去的制造只是一个环节，但随着互联网进一步向制造业渗透，网络协同制造模式已经开始出现。制造业的模式将随之发生巨大变化，它会打破传统工业生产的生命周期，从原材料的采购，到产品的设计、研发、生产制造、市场营销、售后服务等各个环节将形成闭环，彻底改变以往仅包含一个环节的生产制造模式。在网络协同制造的闭环中，用户、设计师、供应商、分销商等角色都会发生改变。与之相伴，传统意义上的价值链也将不可避免地出现破碎与重构。

　　"工业4.0"代表的新一轮工业革命的背后是智能制造，是向更高效、更精细化的未来制造发展。在信息技术使制造业从数字化走向网络化、智能化的同时，传统工业领域的界限也越来越模糊，工业和非工业也将渐渐难以区分。制造业关注的重点不再是制造的过程本身，而将是用户个性化需求、产品设计方法、资源整合渠道以及网络协同生产相结合。所以，一些信息技术企业、电信运营商、互联网公司将与传统制造企业紧密合作，而且很有可能将成为传统制造业企业，乃至整个制造业行业的领导者。

第2节　智能制造成为未来制造业的新模式

　　"工业4.0"其实就是基于信息物理系统实现智能工厂，最终实现制造模式的变革。

（一）智能工厂概念

　　"工业 4.0"从嵌入式系统向信息物理系统

（CPS）进化，形成智能工厂（图3-1）。智能工厂作为未来第四次工业革命生产单元的代表，不断向实现物体、数据以及服务等无缝连接（物联网、数据网和服务互联网）的方向发展。

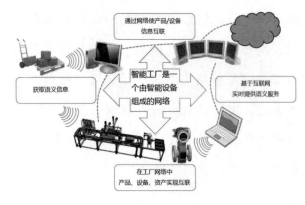

图3-1 "工业4.0时代"的智能工厂

资料来源：德国人工智能研究中心（DFKI）（作者改译）。

物联网和服务互联网分别位于智能工厂三层信息技术基础架构的底层和顶层。在顶层中，与生产计划、物流、能耗和经营管理相关的 ERP、SCM、CRM 等，和与产品设计、技术相关的 PLM 处在最上层，与服务互联网紧密相连。中间层通过 CPS 即物理信息系统实现生产设备和生产线的控制、调度等相关功能，从智能物料供应到智能产品的产出，贯穿整个产品生命周期管理。最底层则通过物联网技术辅助控制、执行、传感，实现智能生产（图 3 - 2）。

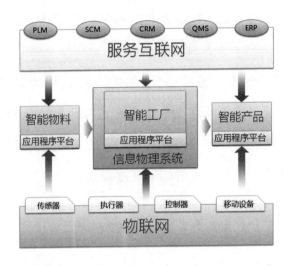

图 3 - 2　智能工厂的三层信息技术基础架构

资料来源：《工业 4.0：最后一次工业革命》，王喜文。

（二）智能工厂的三项集成

集成是信息技术在制造业应用发展的高级阶段，

支持制造过程的各个环节。高度集成化能够极大地提高企业的生产效率、有效组织各方资源、鼓舞不同环节中员工的生产积极性，将企业从松散的个体组织转变为具备超强凝聚力的团队，使人员组织管理、任务分配、工作协调、信息交流与资源共享等发生根本性变化。

"工业 4.0"通过 CPS，将生产设备、传感器、嵌入式系统、生产管理系统等融合成一个智能网络，使得设备与设备以及服务与服务之间实现互联，具体表现为横向、纵向和端对端的高度集成。

横向集成是指网络协同制造的企业间通过价值链以及信息网络所实现的资源信息共享与整合，确保了各企业间的无缝合作，提供实时产品与服务。横向集成主要体现在网络协同合作上，指从企业的集成到企业间的集成，并进一步走向不同产业链中的企业集团甚至跨国集团之间这种基于企业业务管理系统的集成，产生新的价值链并创新商业模式（图3－3）。

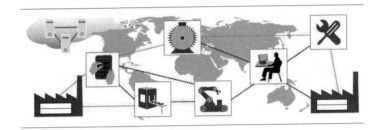

图3-3 智能工厂的横向集成

资料来源：《德国工业4.0最终报告》（作者改译）。

纵向集成是指基于智能工厂中的网络化制造体系，实现分散式生产，替代传统的集中式的中央控制的生产流程。纵向集成主要体现在工厂内生产流程的科学管理上，从传统意义上侧重于产品的设计和制造过程，走向产品全生命周期的集成，最终建立有效的纵向的生产体系（图3-4）。

图3-4 智能工厂的纵向集成

资料来源：《德国工业4.0最终报告》（作者改译）。

端对端集成是指贯穿整个价值链的工程化信息系统集成，以保障大规模个性化定制的实施。端对端集成以价值链为导向，在端到端的生产流程中实现信息世界和物理世界的有效整合。端对端集成是从工艺流程角度来审视智能制造，主要体现在并行制造上，从单元技术产品过渡到企业的集成平台系统，并朝着工厂综合能力平台的方向发展（图3－5）。

端到端系统工程贯穿整个价值链

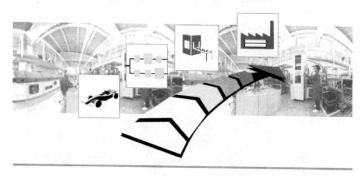

图 3－5　智能工厂的端到端的集成

资料来源：《德国工业 4.0 最终报告》（作者改译）。

智能工厂的三项集成，从多年来以信息共享为重点的集成阶段，走到了过程集成的阶段，并不断向智能发展的集成阶段迈进。"工业 4.0"推动在现有高端水平上的纵向、横向以及端到端集成，包括企业内部、企业与网络协同合作企业之间以及企业和顾客之间的全方位的整合。

从集成化思想在制造业中的发展历程及其给制造业带来的影响效果评价来看，制造业已越来越离不开以先进技术为支持的全方位整合。可以说，基于全方位整合的集成化思维是制造业未来发展的新思维之一，未来制造业必将以"借势借力、整合资源"的全方位整合为基本思路。

第 3 节　新一轮工业革命对工业机器提出了更高要求

新一代信息通信技术的发展，催生了移动互联网、大数据、云计算、新型工业可编程逻辑控制器等的创

新和应用，推动了制造业生产方式和发展模式的深刻
变革。在这一过程中，尽管德国拥有世界一流的机器
设备和装备制造业，尤其在嵌入式系统和自动化工程
领域更是处于全球领军地位，但德国工业面临的挑战
及其相对弱势也显而易见。一方面，机械设备领域的
全球竞争日趋激烈，不仅美国积极重振制造业，亚洲
的机械设备制造商也正在奋起直追，威胁德国制造商
在全球市场的地位。另一方面，互联网技术是德国工
业的相对弱项。为了保持作为全球领先的装备制造供
应商以及在嵌入式系统领域的优势地位，面对新一轮
技术革命的挑战，德国推出"工业 4.0"战略，其目
的就是充分发挥德国的制造业基础及传统优势，大力
推动物联网和服务互联网技术在制造业领域的应用，
形成信息物理系统（CPS），以便在向未来制造业迈进
的过程中先发制人，与美国争夺新一轮工业革命的话
语权（图 3 - 6）。

图 3 - 6　第四次工业革命

资料出处：VINT 实验室（作者改译）。

机器人的价值，最开始因其在工业领域的普及而受到全球认可。尤其在作为主要需求领域的汽车与电子制造产业中，机器人的安装使用带动了生产效率的大幅增长。德国工业机器人的总数占世界第三位，仅次于日本和美国。机器人在德国制造业中的应用率相对较高，每四个就业岗位就有一个被工业机器人占据。以往德国机器人产业化模式的主要特点在于分工合作，未来则将基于动态配置的生产方式，使具备一定智能化的机器人个体通过数据交互实现网络协同（图3-7）。

工业4.0带来机器人的进化

一项简单重复性的工作　　**各种复杂多样化的工作**

单一程序控制　　通过云计算和人工智能深度学习

图 3-7　工业 4.0 带来机器人的进化

近年来，随着传感器、人工智能等技术的进步，机器人正朝向与信息技术相融合的方向发展。由此诞生的"自律化""数据终端化""网络化"等世界领先的机器人技术正在全球范围内不断地获取数据、获得应用，形成数据驱动型的创新。机器人在这一过程中，在制造、服务领域带动产生新附加值的同时，还将成为给信息传达、娱乐和日常通信等各领域带来重大变革的关键设备。

近年来，随着美国、德国、日本等国家对机器人产业的大量投入，机器人的技术发展日新月异，从单体作业机器人正在向自主学习、自律行动的机器人发展。除了传感器的进步、信息处理能力的提升等各种技术进步之外，深度学习等人工智能技术（图像与语音识别、机械学习）的跨越式发展，也推动了机器人自身能力进一步提升，使机器人能够从事越来越高级的工作。机器人从过去只能从事简单重复性劳动，已变得能够互联、共享，甚至协同工作了。

第 4 节　智能工业机器人是新一轮
工业革命的重要标志

工业机器人在传统制造业领域已经得到了广泛应用，从其从事的工种来看，包括焊接、喷涂、涂胶、堆垛、搬运、装配、检测、分拣、包装等。这些系统应用有的是具有单一功能的专机，也有的是多种功能协同的集成应用解决方案。从行业来看，工业机器人在汽车、电子、食品、医药、物流、陶瓷玻璃、塑料化工、五金制品、纺织皮革、航空航天和机床制造等行业都有应有。

随着"工业 4.0"等制造业创新战略的推动，与工人协同工作的智能化"协同工业机器人"受到了普遍的重视。以往的工业机器人追求的是"替代工人作业，实现自动化"。但是，随着"工业 4.0"以及新一代信息技术和机器人技术的进展，生产车间更需要能够进行自律化工作的"协同工业机器人"。

世界最大的工业机器人制造企业之一 KUKA 近期就推出了多款"协同工业机器人"。例如 LBR iiwa（图3-8，3-9）。LBR 是德语"轻量级机器人"（Leichtbauroboter）的缩写，iiwa 是德语短语"具备人工智能的工业工作助手"的首字母组合。这款工业机器人的最大可搬运重量为 7kg ~ 14kg，具有 7 个轴，最大工作范围为 800mm ~ 820mm。

同时，工业机器人本身也将不断地升级，将向更深度的人机交互、更灵活、更迅速、更准确、更节省空间等方向发展。

图3-8　KUKA 的新型协同工业机器人之一

图片出处：KUKA 公司官方网站。

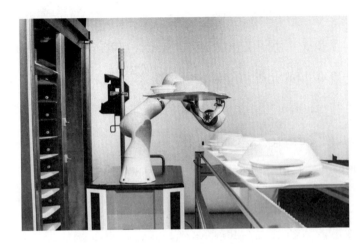

图 3-9　KUKA 的新型协同工业机器人之二

图片出处：KUKA 公司官方网站。

第 5 节　生产大国——日本

日本机器人的实力最开始因其在工业领域的普及而彰显。目前，日本仍然保持工业机器人产量、安装数量世界第一的地位。而且，机器人的主要零部件，包括精密减速机、伺服电机、重力传感器等，日本均在全球范围内占据极高的市场份额。

目前，日本在机器人生产、应用、主要零部件供给、研究等各方面依然保有遥遥领先他国的优势，"机器人大国"地位一时难以撼动。

2015 年 1 月 23 日，日本政府公布了《机器人新战略》，并制定三大目标（图 3 - 10）。

◆ 世界机器人创新基地——巩固机器人产业培育能力

增加产、学、官合作，增加用户与厂商的对接机会，诱发创新，同时推进人才培养、下一代技术研发，开展国际标准化等工作。

◆ 世界第一的机器人应用国家——机器人随处可见

为了在制造、服务、医疗护理、基础设施、自然灾害应对、工程建设、农业等领域广泛使用机器人，在战略性推进机器人开发与应用的同时，需打造应用机器人所需的环境。

◆ 迈向世界领先的机器人新时代

物联网时代，数据驱动型社会逐渐成型。所有物体都将通过网络互联，日常生活中将产生海量的数据。进一步而言，数据本身也将是附加值的来源。因此，需要顺应大势，制定着眼于机器人新时代的宏观战略。

图 3 - 10　日本机器人革命的三大目标

图片出处：《世界机器人未来大格局》，王喜文。

日本政府认为，为实现这三大目标，除了要推进机器人相互联网，提高自律性和数据存储能力，并制订相关应用规则外，积极申请国际标准、平台安全工作的完善也是不可或缺的。日本政府计划到 2020 年，要最大限度地应用包括政府制度改革在内的多种政策，扩大机器人开发投资，推进 1000 亿日元规模的机器人扶持项目。届时，机器人并不是简单的人类劳动替代者的概念，而是与人形成互助互补的关系、与人一起创造高附加值的合作伙伴。

第 6 节　应用大国——中国

（一）我国机器人行业发展空间巨大

根据 IFR 统计，2011 年韩国工业机器人密度居世界首位，每万名工人拥有工业机器人数量达 347 台；日本为 339 台；德国为 261 台；全球平均每万名工人拥有工业机器人 55 台。而我国每万名工人拥有工业机器人仅 21 台，相比欧、美、日、韩等发达国家差距较大，但也蕴含着巨大的市场前景（图3–11）。

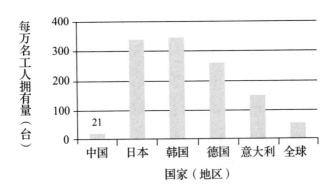

图 3–11 工业机器人密度情况

数据出处：《世界机器人报告 2012》，IFR。

以工业机器人应用最为成熟的汽车产业为例，发达国家这一产业的工业机器人密度大都超过每万名工人千台的水平，汽车工业和机器人应用均极为发达的日本更是超过每万名工人 1500 台。而我国汽车工业机器人密度虽已从 2006 年的每万名工人 36 台快速提升到 2011 年的 141 台，相比之下仍有很大的市场空间可以发掘。

（二）中央政策的大力支持

（1）智能制造装备产业"十二五"发展规划

　　2012 年 5 月，工信部发布了《智能制造装备产业"十二五"发展规划》。规划总体目标是：经过 10 年的努力，形成完整的智能制造装备产业体系，总体技术水平迈入国际先进行列，部分产品取得原始创新突破，基本满足国民经济重点领域和国防建设的需求。同时还提出四个具体发展目标，其中包括重点领域取得突破：传感器、自动控制系统、工业机器人、伺服和执行部件为代表的智能装置实现突破并达到国际先进水平，重大成套装备及生产线系统集成水平大幅度提升。

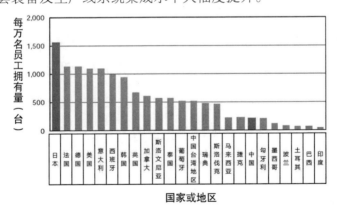

图 3 - 12　汽车行业工业机器人密度情况

数据出处：《世界机器人报告 2012》，IFR。

（2）关于推进工业机器人产业发展的意见

2013 年 12 月，工信部发布《关于推进工业机器人产业发展的指导意见》，这是我国首次出台单独针对机器人产业发展的部委级文件。意见总体目标是：开发满足用户需求的工业机器人系统集成技术、主机设计技术及关键零部件制造技术，突破一批核心技术和关键零部件，提升量大面广主流产品的可靠性和稳定性指标，在重要工业制造领域推进工业机器人的规模化示范应用。到 2020 年，形成较为完善的工业机器人产业体系，培育 3～5 家具有国际竞争力的龙头企业和 8～10 个配套产业集群；工业机器人行业和企业的技术创新能力和国际竞争能力明显增强，高端产品市场占有率提高到 45% 以上，机器人密度（每万名员工使用机器人台数）达到 100 以上，基本满足国防建设、国民经济和社会发展需要。

（3）《中国制造 2025》

在人口红利逐渐消退、新一代信息技术快速发展

和资源与环境制约日益明显的大背景之下，2015 年 5
月，国务院发布了《中国制造 2025》，并明确指出要
大力推动包括高档数控机床和机器人行业在内的重点
领域突破发展（图 3 - 13）。围绕汽车、机械、电子、
危险品制造、国防军工、化工、轻工等行业的工业机器
人、特种机器人，以及医疗健康、家庭服务、教育娱乐
等领域的服务机器人应用需求，积极研发新产品，促进
机器人标准化、模块化发展，扩大市场应用。突破机器
人本体、减速器、伺服电机、控制器、传感器与驱动器
等关键零部件及系统集成设计制造等技术瓶颈。

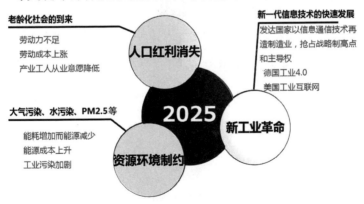

图 3 - 13　《中国制造 2025》的出台背景

（三） 地方政府的积极响应

在中央政策的大力支持下，近年来，各地方政府纷纷出台"机器换人"行动计划。2013 年 11 月，浙江嘉兴市发布《嘉兴市 2014 年度"机器换人"专项行动方案》；2013 年 12 月，浙江杭州市发布《杭州市"机器换人"工作三年行动计划（2013—2015）》；2014 年 7 月，广东省佛山市顺德区发布《关于推进"机器代人"计划全面提升制造业竞争力实施办法》；2014 年 8 月，东莞市政府发布《东莞市推进企业"机器换人"行动计划（2014—2016）》（图 3 - 14）。尤其是在 2014 年，随着"东莞一号文件"及各项扶持政策的出台，"机器换人"在珠三角的制造业重镇——东莞打响了"第一炮"，并在全国掀起了一场"机器换人"的浪潮。

通俗地说："机器换人"就是在用工紧张和资源有限的情况下，通过提升机器的办事效率，来提高企业的产出效益。"机器换人"是以"现代化、自动化"的装备升级传统产业，利用机械手、自动化控制设备或流水线自动化对企业进行智能技术改造，实现"减员、增效、提质、保安全"的目的。

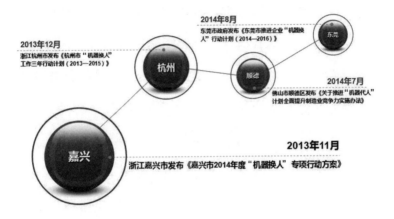

图 3-14　各地纷纷出台"机器换人"行动计划

主要目标是，要在电子、机械、食品、纺织、服装、家具、鞋业、化工、物流等重复劳动特征明显、劳动强度大、有一定危险性的行业领域企业中，特别是在劳动密集型企业中全面推动实施"机器换人"，并重点推进工业机器人智能装备和先进自动化设备的推广应用和示范带动，实现"减员、增效、提质、保安全"的目标要求，进一步优化人口结构、提高企业劳动生产率和技术贡献率，培育新的经济增长点，加快产业转型升级。

曾经的劳动密集型产业时代，有劳动力规模就有产量，有产量就有销量；而如今，只有攀上技术高峰，才能避免被淘汰，才能实现转型升级。"机器换人"已成为促进制造业转型升级的重要手段之一，甚至决定着产业的未来走向——由低成本价格竞争走向高附加值竞争，推动整个产业业态由低端走向高端。

机器人早已被应用于汽车、电子制造业等领域，大多从事一些简单重复性工作。而现在，把机器人只当作一种生产工具的定义已经过时。"机器换人"将引发新的制造业革命。除了降低用工成本，缓解用工难、用工贵的难题之外，还可以在多个方面促进企业提质增效，提高劳动生产率，提升产品质量，减少能源消耗。

（四）国外机器人企业看好中国工业机器人市场机遇

我国日益增长的工业机器人市场以及巨大的市场潜力吸引了 ABB、Yaskawa、FANUC、KUKA 等世界著名机器人生产厂商的目光，许多国外的机器人公司已经在中国设厂或成立经销公司。数据显示，目前，我国进口的工业机器人主要来自日本，日本对华销售的工业机器人占我国进口工业机器人总数的一半，另一半则来自欧洲，如 ABB、KUKA 等企业的工业机器人。

除了向中国出口工业机器人产品外，日本工业机器人企业早就开始着手在中国境内布局生产制造。他们认为，在劳动力成本不断上涨的情况下，中国一些制造业企业为了减少人工成本而引进工业机器人的投资正逐年增加。

电子、汽车、机床、工业机器人是日本工业的四大支柱。在电子行业落伍、汽车行业不景气、机床行业规模缩小的情况下，工业机器人成为了日本最被看好的支柱性产业，知名企业开始纷纷布局在中国进行生产制造（图 3-15）。日本企业希望凭借日本工业机器人技术，开拓中国的工业机器人市场。

图 3-15　日本工业机器人企业在中国的生产布局

资料出处：日经新闻（作者改译）。

日本川崎重工将在中国投资近 100 亿日元，建设工业机器人生产工厂。川崎重工选址江苏省苏州市建厂，工厂总建筑面积达到 1 万平方米，主要生产用于汽车焊接和零部件搬运的机器人。该项目于 2015 年 4 月投产，初期年产能为 2000 台左右，主要面向中国当地的汽车厂商进行销售。预计 2017 年产能将提高至 10000 台左右。

日本精工爱普生计划将工业机器人的生产制造工作从日本长野县转移至深圳。该公司目前产量为每年 4000 台。

日本 Yaskawa 位于江苏省常州市的工业机器人工厂已经开始正式投产，今后将分阶段扩大产能。目前产能为每年 3000 台，2015 年产能增加至 12000 台。

此外，日本不二越公司也已在张家港市建设了生产线，2015 年年产能扩大至 3000 台。

第 8 章　去工人化与再工人化

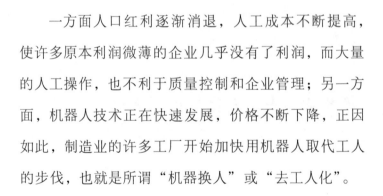

一方面人口红利逐渐消退，人工成本不断提高，使许多原本利润微薄的企业几乎没有了利润，而大量的人工操作，也不利于质量控制和企业管理；另一方面，机器人技术正在快速发展，价格不断下降，正因如此，制造业的许多工厂开始加快用机器人取代工人的步伐，也就是所谓"机器换人"或"去工人化"。

第 1 节　去工业化与再工业化

"再工业化"是相对于"去工业化"而言的。对于去工业化，存在两条理解思路，一条基于国际分工，一条基于制造业服务化。从国际分工的角度来看，去工业化是指由于某一发达国家或地区生产成本的上升，导致其传统制造业和相应的工作机会纷纷转移到其他生产成本更低的国家或地区；从制造业服务化的角度来看，去工业化意味着发达工业化国家或地区的传统制造业逐渐走向衰落，而通过服务化获取更大效益，带动经济增长。

随着发展中国家劳动力成本和管理成本不断上升，美德等国的一些知名跨国公司相继加入回流大潮，纷纷把生产线转移回国内。对于美德等国来说，通过制造业回归，能够完善国内生产经营环境，降低生产成本，充分利用国内外资金，强化创新能力，改造传统制造业和发展新兴产业，重振制造业体系，增加出口和就业。

"再工业化"将通过不断吸收、运用高新技术成果，发展先进制造业，以重构实体经济。回归实体经济是对"去工业化"下社会资本过度脱离实体产业的反思，是对制造业价值的重新审视，但并非传统制造业的简单回归。

"再工业化"目标的实现，需要有突破性的科技成果支撑，其背景是新兴技术与产业引领的新一轮科技与产业革命。此外，通过"再工业化"向实体经济回归，并不意味着降低服务业的经济地位。恰恰相反，随着先进制造业的发展，服务业亦将在制造业带动下得到升级转型，特别是现代生产性服务业更有赖于高端制造业的繁荣，最终实现制造业与服务业的融合。

自 2008 年金融危机爆发以后，美国经济遭受重创，奥巴马政府于 2009 年底启动"再工业化"发展战略，同年 12 月公布《重振美国制造业框架》；2011 年 6 月和 2012 年 2 月相继启动《先进制造业伙伴计划》和《先进制造业国家战略计划》，并通过制定积极的工业政策，鼓励制造企业重返美国，意在通过大力发展国内制造业和促进出口，达到振兴美国国内工业，进而保证经济平稳、可持续运行的目的。可以说，美国在国际金融危机后提出"再工业化"，意在夺回美国制造业在世界范围内的优势地位。"再工业化"不是原有工业化的重复，而是将高新技术注入制造业，形成美国制造业稳固的优势。美国

"再工业化"战略意在全面振兴国家制造业体系，大幅增加制造业产出和出口，以求扩大就业、优化产业结构，并提升硬实力，实现"经济中心"的回归，并进一步巩固其全球制造业领导地位。

"再工业化"将催生一种新的生产方式，而带有定制特征的智能设备的普遍应用将成为一大趋势。美国新形势下"再工业化"战略的提出就是一种基于国家战略层面上的制度创新，是一个制度创新与技术创新持续互动的过程。美国通过"再工业化"，一方面积极布局计算机、汽车、航空以及为大企业配套的机械、电子零部件等领域的现有高端制造业；另一方面大力发展清洁能源、医疗信息、航天航空、电动汽车、新材料、节能环保等新兴产业，试图带动传统制造业发展，引领世界新一轮产业革命，以确保在 21 世纪保持全球竞争优势。

而工业机器人将成为全球制造业振兴的关键。

（1）实现生产制造自动化和智能化，提高生产效率和柔性，确保生产质量和稳定性，不仅可以让高端制造效益更高，更能使生产制造系统在经济上比依赖低成本劳动力的生产系统更具竞争力，并解决老龄化社会带来的劳动力短缺问题。

（2）智能工业机器人未来将作为工作伙伴协助人类从事简单的、重复性的、乏味的以及危险的工作，将带来人类生活方式的变革，进而提高生活质量，加速产生新的行业、新的职业，创造更多的工作机会。

第 2 节　工业机器人是劳动力不足的有效补充

工业机器人的应用领域有：汽车工业、机电工业、通用机械工业、建筑业、金属加工、铸造以及其他重工业和轻工业部门。

与人相比，一方面，机器人具有可靠性高、操作规范等特征，应用工业机器人能够大幅降低事故发生的可能性；另一方面，很多职业病都是由于长期暴露于有毒有害环境中导致的，工业机器人的大规模使用能够减少一线员工数量、降低作业人员暴露于有毒有害环境中的时间，大幅降低职业病发病率。

毫无疑问，"机器换人"可大幅提高劳动生产率。"招工难"已成为近年来行业内的普遍现象，特别是在劳动密集型企业集中的地区表现尤为突出：北京、上海、深圳、广州等一线城市劳动力市场已频现"用工荒"。而一个机器人至少可承担相当于三个人的工作量。因为工人是8小时工作制，而机器人却可以24小时不间断工作（图3-15）。

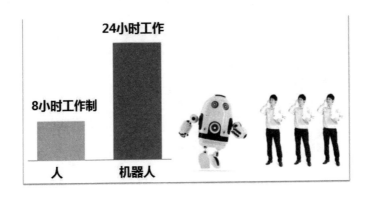

图3-15　一个机器人的工作相当于三个人

资料出处：日本软银公司（作者改译）。

此外，数据显示，2000 年以来，我国城镇单位就业人员平均工资始终保持每年 10% 以上的增长，2013 年全国城镇非私营单位就业人员年平均工资达 51474 元，与 2012 年相比名义增长了 10.1% 。而机器人则不需要工资。如果按照购买价格除以使用年限来计算"工资"，机器人每月仅需不到 1000 元的工资成本（图 3 - 16）。

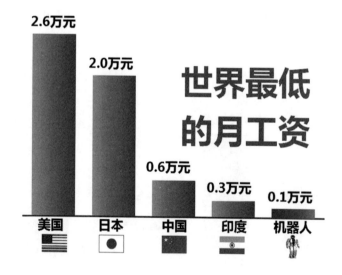

图 3 - 16　2050 年的工资水平估测

资料出处：日本软银公司（作者改译）。

显然，"机器换人"将弥补大量制造业劳动力的短缺，缓解"用工荒"现象。以浙江省为例，2012 年浙江省提出"全面推进机器换人"决策部署，预计到 2017 年全省 3.6 万家规模以上工业企业将全面完成"机器换人"的现代化技术改造。按照省政府估算，届时浙江省社会劳动生产率将由 2014 年末的 10 万元/人年上升至 14 万元/人年，三年增幅达到 40%。

"机器换人"是以现代化、自动化的装备升级传统产业，是推动以技术红利替代人口红利的战略举措。通过"机器换人"不仅能够提高劳动生产率、解决用工难问题，还能提升职业健康和安全生产水平，将成为工业企业转型升级的必然选择。

第 3 节　人会不会失业？

还记得第一次工业革命萌芽时期的场景吗？人们对机械的出现深感恐惧（图 3-17）。认为"机械化"之后，工人都会失业，都会失去生活来源……

2015 年 11 月份，英格兰银行首席经济学家在一份报告中称，接下来的 20 到 30 年是"第三次机械化时代"，机器人将取代英国 1500 万工作岗位。这个数量相当于目前英国从业人口总数 3080 万的一半左右。

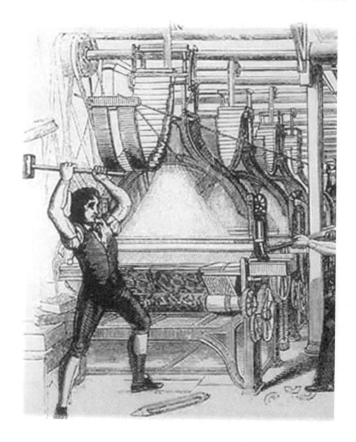

图 3-17　工人对机械的恐惧

英格兰银行针对自动化给各产业所带来的潜在性影响开展了这项调研。报告将受到影响的工作岗位分为三个层次：机器对人工替代率超过 66% 则为影响很大，33%～66% 为影响一般，低于 33% 则为影响很小。据调研预测，最可能被取代的工作岗位是"管理岗位""事务性工作"和"产业工人"。按行业来看，医疗护理、客户服务以及一些熟练工种将可能有 80% 的岗位被机器人所替代。

传统的观点认为，工业机器人越来越智能化，无疑将加速劳动力的机器人化，可能会带来大规模的失业并导致收入差距拉大。如果对就业市场造成较大冲击，也将在一定程度上影响社会稳定。

而另一派观点认为，新一轮工业革命将带动科技变革，也将产生越来越多的诸如智能手机、智能手表、智能眼镜等智能产品。既然这些智能产品也需要工厂去生产，那么，工厂的订单必然会增加。即便有工业机器人来补充劳动力，也将需要相应的劳动人员，需要更多的工人参与。另外，新一轮工业革命必然会催生新的行业、新的职业，仅就机器人而言，智能机器人的广泛应用必将带动机器人维修保养、机器人 APP 应用软件开发等新的行业以及相应的职业岗位大量涌现。总而言之，技术的进步，不会严重地冲击就业市场，反而会使得新产品极大丰富。或许，传统的工作岗位中有相当一部分将被取代，但是从被取代的岗位退下来的人员会有大量机会扮演其他全新的职业角色。